엄마와 아이가
함께 자라는
균형육아

엄마와 아이의 심장은 함께 뛴다

엄마와 아이가 함께 자라는 균형육아

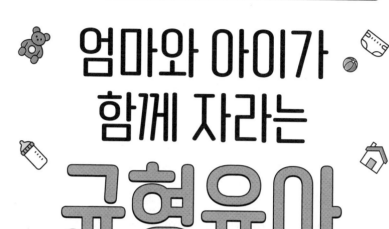

\ 고정희 지음 /

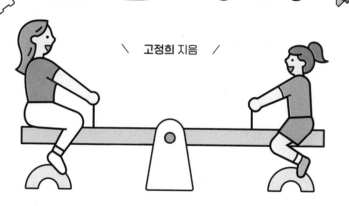

육아! 정말 할 말이 많을 겁니다. 세상 모든 엄마들의 공통된 생각일 테지요.

아이를 처음 만난 엄마들은 모든 게 서툴고 어려울 수밖에 없습니다. 아이가 태어나는 순간부터 수많은 시련들이 몰아치기 시작합니다. 쉼 없이 울어대는 아이를 돌보다 보면 마음 놓고 눈 한번 붙이기도 어려운 나날들, 그나마 마음이 준비되고 몸에 익어갈 즈음인 100일의 기적이 찾아오기까지의 시간은 까마득합니다.

또 미운 네 살의 시간이 되면 어떨까요? 아이는커녕 엄마 자신도 컨트롤하기가 어렵습니다. 해 주고 싶은 것, 해 줘야 할 것은 왜 이리도 많을까요.

아이를 보면 한없이 예쁘고 사랑스럽지만 아이를 돌보는 동안 문득문득 마음 한편에선 이런 초조함도 밀려듭니다. "난 이러고 있으면 안 되는데, 뭔가를 해야 하는데." 엄마가 되기 전까지 품고 있던 꿈이 영원히 사라져버릴지도 모른다는 초조함뿐일까요? 엎친 데 덮친 격으로 아이를 낳아 기르기 힘든 경제적 사회적 분위기까지 육아의 무게를 더 올려놓습니다.

우리 사회는 사상 최저 출생률 통계치를 계속해서 써 내려가고 있습니다. 산후우울증과 육아우울증, 워킹맘으로서의 현실적 고충들, 여성의 경력단절 문제, 높아져만 가는 사교육비 문제…. 아이를 낳고 키우는 것이 부담을 넘어 도전이 되어버린 시대입니다. 그래서 엄마가 될 수 있는 여성들이 아이 낳기를 포기하고 있고, 이미 엄마가 된 이들은 혼란스럽습니다. 많은 이들이 아이를 잘 키울 자신도, 엄마이자 한 인격체 여성으로서 자신의 삶을 멋지게 꾸려나갈 자신도 잃어가고 있습니다.

왜 아이를 낳아 기르는 축복의 시간이 이리도 힘들게 다가올까요? 많은 이들이 여러 매체를 통해 이 문제에 대해 공감을 표하면서 나름대로 해법을 찾지만 엄마들의 마음을 시원하게 풀어줄 길은 여전히 안개속입니다. 수없이 많은 이야기들이 오가지만 엄마들의 마음을 시원하게 풀어줄 해법 같은 건 없습니다. 왜 그런 것인지, 어떻게 해야 이 시간을 행복감을 누리며 만족스런 삶을 살아갈 수 있을지, 길은 그저 흐릿할 뿐입니다.

우리는 그 문제에 대한 답을 어디에서 찾을 수 있을까요?

다양한 답들이 있을 수 있지만 그 하나의 길을 '균형'에서 찾을 수 있다고 생각합니다. 아이를 잘 키우면서 나 자신도 성장할 수 있다면, 육아의 모든 순간이 기쁘지 않을 이유는 없습니다.

아이를 기르는 것과 나를 키우는 섯 사이에서 균형을 찾기 위해서는 엄마의 시간에 대해 생각해 볼 필요가 있습니다. 육아를 하는 모든 시간, 모든 경험을 엄마 스스로의 성장에 활용하는 겁니다.

『레버리지』의 저자 롭 무어는 '시간'을 세 가지로 구분해 설명합니다. 투자하는 시간, 소비되는 시간, 낭비되는 시간.

롭 무어는 더 나은 삶을 위해 투자되는 시간이 아니면 소비되거나 낭비되는 시간이라고 말합니다. 당신의 '육아'는 어떤 시간인가요?

'육아의 시간이 어떤 시간인가?' 하는 문제는 개인의 정의에 따라 달라질 것입니다. 육아의 시간을 투자의 시간, 즉 성장의 시간으로 정의하면 엄마는 똑같이 주어진 시간이라도 전혀 다르게 살 수 있을 것이고, 이 시간이 투자의 시간이 되면, 아이에게 집중할 수 있을 겁니다. 아이에게 엄마가 살아오는 동안 배우고 경험하면서 쌓아온 지혜를 전부 알려주고 싶으니까요.

또한 육아가 성장의 시간이 되면 엄마의 시간은 값진 경험이

됩니다. 모든 경험은 안목을 열어줍니다. 보석 같은 아이를 기르는 동안 나 자신 또한 제대로 키워보는 경험은 내게 새로운 정체성을 선물하고, 질적으로 다른 성장을 만들어 낼 수 있습니다. 이건 엄마라서만 할 수 있는 일입니다.

이 책의 첫 번째 PART에서는 엄마와 아이가 만나 어떻게 두 사람이 공유하는 시간을 만들어 나가야 하는지, 그 시간을 어떤 마음으로 쌓아나가야 할지에 대해 이야기하고 있습니다. 어렵게만 생각되는 육아와 엄마 자신의 성장, 두 마리 토끼를 모두 잡기 위해 갖추어야 할 관점에 관해 생각해 보고자 하였습니다.

PART 2는 세상에서 단 하나뿐인 존재로서의 아이를 어떻게 하면 더 잘 바라보고 존중하며 키울 수 있을지에 대한 이야기를 합니다.

오늘도 내 아이보다 인스타그램에 등장하는 미지의 아이와 그 아이가 살고 있는 모습에 감탄하고 부러워하지는 않았나요? 여기에서는 세상 어떤 것에도 마음이 출렁거리지 않도록 중심을 잡으며, 소신껏 아이를 키우는 엄마의 태도에 관한 이야기를 하고 있습니다.

PART 3에서는 책과 아이에 대한 이야기를 주제로 이야기하고 있습니다. 지나친 의무감을 지워 엄마들을 부담스럽게 만들기 쉬운 일반적인 책 육아의 방법에서 벗어나 아이와 엄마가 함께 누리는 부드럽고, 여유로운 책 읽기의 시간을 만들어 갔으면 하는 마음에서 쓰게 되었습니다. 필자 자신이 아이를 키우며 썼던 방법들을 소개하면서 오늘도 아이에게 어떤 책을 읽혀야 하는지, 어떻게 책 읽는 습관을 들여야 하는지 고민하고 있을 엄마들이 '책과 아이'의 관계 설정에 있어 한번쯤 깊이 생각해볼 점들을 짚어보았습니다.

PART 4는 자연 속에서 아이와 함께 보내는 시간이 얼마나 귀한지를, 아이와 엄마에게 얼마나 잊을 수 없는 경험과 감성을 선사하는 순간들인지 이야기합니다. 아이와 함께 자연 속에서 머물렀던 그 시간들이 아이에게 어떤 흔적으로 남는지 담담하게 풀었습니다. 시간이 흘러 다 자란 아이는 엄마와 함께 했던 자연의 냄새를 온몸으로 기억할 것입니다.

PART 5는 육아에서 아빠가 아이에게 주는 영향에 관한 이야기입니다. 더불어 아빠가 어떻게 하면 아이의 시간에 더 깊이 들어갈 수 있을지 고민했던 시간들이었습니다.

PART 6은 엄마의 성장에관한 이야기입니다. 아이를 낳아 기르는 동안 엄마는 어떤 변화를 겪었는지, 그리고 그 변화 안에서 어떤식으로 성장했는지를 이야기 하고 있습니다. 더불어 엄마의 성장을 위해 마음의 방향을 어디로 향하게 해야 하는지를 이야기하고 있습니다.

PART 7은 엄마의 마음에 관한 이야기입니다. 엄마의 내면과 상처 그리고 그것들을 어떻게 바라보고 다룰 것인지에 대한 이야기를 담았습니다. 사실 엄마의 마음을 챙기는 것은 육아와 엄마의 성장을 위한 기초공사와도 같습니다. 아이의 마음을 살피느라 뒤로 밀어 두었던 엄마의 마음을 챙겨보는 시간이 되었으면 좋겠습니다.

마지막 PART는 '엄마의 꿈'에 관한 이야기입니다. 아이를 키우는 엄마라고 해서 꿈을 내려놓아야 하는 것은 아닙니다. 자신이 진정으로 원하는 꿈을 간직하고 그것을 위해 몰입하는 과정은 세상 무엇보다 귀한 일입니다. 어떤 순간에도 엄마의 꿈을 잊지 마세요. 아이를 키우는 일은 엄마를 키우는 일이며, 엄마를 키우는 일은 아이를 꿈꾸게 만드는 일입니다. 삶의 목표를 정하고, 그 목표를 향해 기쁜 마음으로 몰입하는 과정은 세상 무엇보다 중요한 일이고, 행복한 일이기도 합니다. 어떤 순간에도 엄마로서, 한 인간으로서 꿈을 잊지 마세요. 아이를 키우는 일은 엄마인 자신을 키우는 일이며, 엄마를 키우는 일은 아이를 꿈꾸게 만드는 일이기 때문입니다.

이 책이 나오기까지 많은 분의 도움이 있었습니다. 원고를 알아봐 주신 도서출판 청년정신에 감사 인사를 전합니다. 그리고 책을 쓰는 데 도움과 응원을 주신 아레테인문아카데미의 임성훈 작가님께 깊은 감사를 드립니다.

오늘의 저를 있게 한 부모님과 가족들에게도 감사의 인사를 전합니다. 늘 곁에서 사랑과 지지를 표하는 남편에게 존경과 감사의 말을 전하고 싶습니다. 무엇보다도 나를 엄마가 되게 해 준, 엄마를 한껏 성장시켜 준 아들 준과 딸 은에게 사랑과 감사를 전하고 싶습니다.

그리고 저에게 주어진 과분한 축복 앞에서 고개 숙이고 또 고개 숙여 감사의 인사를 전합니다.

"이제 더 이상 쓸 내용도 없다. 난 홀가분해서 정말 날 듯이 기뻤다. 책 쓰는 일이 이렇게 힘든 일이라는 것을 알았다면 정말 쓰지 않았을 것이다. 앞으로 절대 이런 일은 하지 않겠다고 마음먹었다."

마크 트웨인이 『허클베리 핀의 모험』에 쓴 글입니다. 책 쓰기를 마무리하면서 마크 트웨인처럼 호탕하게 이런 말을 쓰고 싶었습니다. 하지만 책을 다 쓰고 난 지금 홀가분하지만은 않다는 생각이 듭니다. 미처 다하지 못 한 말들과 다듬어지지 않은 말들이 끝없이 떠오릅니다. 시간이 허락된다면 좀 더 소상하고 충실하게 풀어내어 더 많은 이들에게 삶의 에너지와 영감을 주고 싶다는 생각으로 가득합니다. 하지만 조금은 거칠더라도 진심은 진심에 닿을 것이라는 점을 알기에 아쉬움을 접고 엄마와 아이 사이에 반드시 찾아야 할 '균형'에 대한 이 이야기를 세상으로 보내기로 하였습니다.

부디 이 책이 많은 분께 닿아 아이와 엄마라는 두 존재가 가지고 있는 놀라운 가치를 발견할 수 있게 되기를 바랍니다.

2023년 여름 한가운데에서

고정희

차례

프롤로그   004

PART 1 엄마와 아이의 심장은 함께 뛴다

이토록 진한 육아의 시간   019

균형, 행복한 육아의 핵심   027

육아를 즐기는 완벽한 방법   035

엄마가 시를 읽으면 아이는 시를 쓴다   042

엄마가 가장 빛나는 순간   050

PART 2 너라는 오리지널을 위해

내 아이만의 리듬을 따라가라   059

내 아이에게 지금 필요한 것   066

트렌드 말고, 엄마의 직감   072

'스마트'가 없는 스마트한 풍경   080

놀잇감이 아닌 '진짜'를 가지고 노는 아이   088

PART 3 **0세부터 시작하는 독서교육**

책 한 권을 펼치면 하나의 세상이 열린다   099

아이에게 책이 장난감이 되려면   106

엄마는 북 큐레이터   113

전집 구매가 독서교육은 아닙니다만   120

내 아이를 위한 연령별 독서 전략   128

PART 2 **엄마가 품고 자연이 키운다**

부지런한 꼬마 농부의 하루   139

손톱에 낀 흙도 소중해   145

오름이 아이를 안을 때   152

쪽빛 바다에 두 발을 담그면   157

PART 5 아빠 육아, 선택이 아니라 필수다

소년이 아빠가 되기까지   167

아빠가 필요한 순간   174

퇴근 후 아빠의 육아 루틴   180

슬기로운 육아 토론   187

친애하는 나의 동지에게   194

PART 6 엄마가 빛나야 아이도 빛난다

나무늘보가 치타가 되기까지   203

육아는 육아다   210

우리는 답을 찾을 것이다. 늘 그랬듯이   217

아이는 자라나고, 인생은 길다.   223

PART 7 Dear myself

내 아이만큼 소중한 내면아이   233

나를 들여다 보면 엄마가 보인다   240

아이에 대한 필연적 죄책감을 내려놓고   247

아이를 안 듯 나를 안는 시간   254

PART 8 엄마의 꿈은 현재 진행형

아무것도 하지 않으면 아무 일도 일어나지 않아   263

엄마를 위한 시간, 돈, 마음을 아끼지 말라   270

엄마의 심장은 지금도 뛰고 있다   278

PART 1

엄마와 아이의 심장은
함께 뛴다

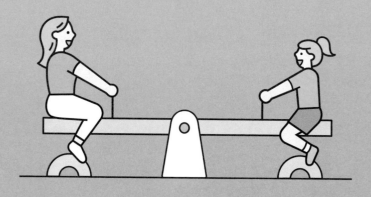

이토록 진한 육아의 시간

뱃속에 있는 아기의 심장 소리를 처음 들었던 그날, 지금도 생생하다. 온몸을 떨리게 했던 그 쿵쾅거림! 그날부터 아이와 내 심장은 함께 뛰었다. 우리만의 리듬으로.

여덟 달을 더 기다려 아이가 태어났다. 그날 엄마도 태어났다. 처음 겪는, 말로 표현할 수 없는 격통의 순간을 건너 마치 한순간 다른 차원으로 이동한 것처럼 온통 아이만 보이던 순간, 나도 엄마로서 다시 태어났다.

아이는 내 품에서 젖을 문 채로, 편안한 표정이었다. 마치 내 몸을 공유하며 보낸 시간을 추억하는 것 같았다. 잊을 수 없는 벅찬 순간이었다.

아기와 함께 집으로 돌아왔다. 아기는 한없이 예쁘면서도 낯설었다. 엄마가 되었다는 감격스러움과 더불어 그만큼 두려움도 컸다. 노 하나만 들고 망망대해에 떠 있는 작은 배에 앉아 있는 기분이었다. 하지만 이런저런 생각을 할 겨를은 없었다. 그저 열심히 노를 저어야 했다.

열심히 노를 젓고

"손을 쓰지 마세요. 치료 방법은 그것밖에 없어요."

손가락도 아프고 손목도 아팠다. 견디다 못 해 정형외과를 찾았다. 손목 건초염 진단을 받았다. 임신과 출산으로 관절과 인대가 많이 늘어나 있을 때, 아이를 돌보느라 손을 많이 써서 생긴 질환이라고 했다.

왼손으로 아이 머리를 받친 상태에서 수유를 하고, 아이 엉덩이를 받치며 안는 반복된 동작으로 손목에 무리가 갔다. 잠을 자다가 통증 때문에 깨기도 여러 번이었고, 새벽에 아기에게 젖을 먹이기 위해 일어날 때면 손목이 잘려 나가는 느낌이었다. 좀처럼 통증이 낫지 않아 손목 보호대와 파스는 생필품이 되었다.

손목이 아픈 것은 어쩌면 당연한 일이었다. 10kg짜리 쌀자루는 못 들어도 10kg이 되는 아이는 하루에도 수십 번을 안았으니 손목에 무리가 가지 않을 턱이 없었다.

아이를 돌봐야 하는 내게 손을 쓰지 말라는 의사의 조언은 하나마나한 말에 불과했다. 실행할 수 없는 처방이었으니까. 물리치료를 받으며 며칠을 버텼다. 결국 며칠 뒤 깁스를 하고야 말았다. 손목을 구하기 위한 어쩔 수 없는 조치였다. 깁스를 하던 날 손보다 마음이 좋지 않았다. 육아를 하며 망가진 것은 손목뿐만이 아니었기 때문이다. 머리끝에서 발끝까지 성한 곳이라고는 없는 것 같은 느낌이었다.

아이가 이유식을 시작했다. 매일 밤 이유식을 만들었다. 훌륭한 시판 이유식이야 물론 많았지만 내 손으로 만들어 먹이고 싶었다. 그래서 고집스러운 밤을 이어갔다. 이유식 냄비를 저으면서 종종 생각했다. '이유식을 몇 그릇이나 만들고 나면 끝이 날까?'

이유식을 만드는 것만큼이나 아이에게 이유식을 먹이는 것 또한 만만한 일은 아니었다. 식사시간마다 아이를 식탁에 앉혀야 했고, 스스로 입을 벌리게 해야 했다. 그렇게 나는 천 그릇의 이유식을 만들면서 형편없던 요리 실력을 업그레이드해 갔다.

한 숟가락이라도 더 먹이려면 노력을 해야 했다. 아이의 눈길을 끌 만한 플레이팅도 연구해야 했다. 어떤 날은 대성공이었지만 어떤 날은 대실패였다. 수년이 지난 지금도, 아이는 내가 만들어주는 음식을 매일 맛있게 먹지는 않는다. 어떤 날은 식탁에 앉아서 허공을 바라보기도 하고, 유치원 밥을 예찬하기도 한다.

육아는 시지푸스의 바위

아이는 서랍을 열고 옷을 꺼내 입는 시늉을 하거나 가지고 노는 것을 즐겼다. 잘 정리해놓은 서랍을 뒤집는 것 정도는 괜찮았다. 그런데 그날은 전날 정리해 놓은 옷장의 옷들을 모조리 꺼내 놓았다. 지난 밤, 아이가 잠든 후 장장 두 시간에 걸쳐 바뀌는 계절에 맞게 옷을 다시 정리하고 가지런히 정돈해 두었던 참이었다. 아이는 난감해 하는 엄마 마음은 알 바 아니라는 듯 곧장 거실로 이동했다. 이번에는 개어놓은 빨래를 다 흩트려 놓았다. 정리를 하다가 나도 모르게 화가 났다. "나 안 해!" 18개월 아이에게 그렇게 소리를 질러 버렸다.

시지푸스는 '그리스신화'에 등장하는 인물이다. 그는 코린토스 시를 건설한 왕이었지만 '영원한 형벌'의 상징으로 더 널리 알려져 있다.

시지푸스는 인간 세상의 잣대로 보자면 현명하고 신중한 사람이었지만 신들에겐 그렇게 보이지 않았고, 결국 그는 신을 속인 죄로 형벌을 받게 된다. 그 형벌은 큰 바위를 가파른 언덕 위로 굴려 올리는 것이었다. 하지만 정상까지 굴려 올린 돌은 다시 밑으로 굴러 떨어지고, 그는 처음부터 다시 바위를 굴려 올리는 일을 끝없이 반복해야 했다. 아이가 한창 저지레를 할 때마다 나는 시지푸스의 형벌을 떠올리곤 했다. 치워도 치워도 다시 어질러지고, 밥을 먹이고 뒤돌아서면 다시 밥 때가 돌아오는 것 같았다. 매일매일 해야 할 일은 끝이 없었다.

한계상황에 맞서는 법

알베르트 카뮈는 『시지푸스 신화』에서 인간이 한계상황을 만났을 때 취할 수 있는 세 가지 방법에 대해 이야기했다. 하나는 삶을 포기함으로써 도피하는 방법, 두 번째는 초월적인 존재에 귀의하는 식으로 타협을 통해 희망을 품는 방법, 마지막으로 한계상황에 맞서 끝까지 싸워나가는 방법이다.

끊임없이 바위를 굴려 올려야만 하는 시지프스의 운명과도 같은 현실 상황은 아이를 키우며 느끼게 되는 통증과 겹친다. 손목과 허리가 끊어질 듯 아프지만 아무도 알아주지 않을 때, 내 일은 다 제쳐두고 아이와 계속 놀아줘야 할 때, 식탁 밑을 기어 다니며 떨어진 밥알을 주울 때, 어느새 커버린 아이가 엄마 마음을 아프게 하는 말을 날리고는 학교에 가버릴 때… 엄마는 아이를 키우며 끊임없이 아프고 힘겨운 상황과 마주해야 한다.

이렇게 진한, 진하다 못 해 독한 육아의 시간을 나는 어떤 마음으로 보내고 있을까 생각해 볼 일이다. 카뮈가 말했던 방법 중 나는 어떤 방법을 택했는가? 다 포기해버리고 싶은 마음으로 날마다 꾸역꾸역 흘려보내고 있는가? 아니면 다른 누군가의 도움을 바라며 도피하는 마음을 가지는가? 아니면 자신의 육아를 똑바로 직시하며 대응하고 있는가?

시지푸스의 바위는 시지푸스의 것

"시지푸스의 소리 없는 기쁨은 여기에 송두리째 있다. 그의 운명은 그의 것이다. 그의 바위는 그의 것이다."

알베르트 카뮈는 삶에서 관점을 바꿔볼 것을 주문한다.

나는 '맞짱'을 뜨기로 했다. 고단할지언정 고통 받지 않기로 했다. 아이를 키우는 그 고단한 과정에서 값진 것들을 찾아내기로 했다. 나의 육아는 나의 것이니까. 그리고 나는 내 몸을 더 사랑하기로 했다. 손목 대신 팔 근육을 쓰는 법을 터득했다. 그리고 여러 가지 도구와 장비들로 아이에게 들이는 힘을 줄여 나갔다. 아이를 돌보면서도 습관적으로 스트레칭을 했고, 집 근처 학원에서 발레수업을 들었다. 내 몸의 근육과 관절에 대해 집중하고, 내 몸을 '잘' 쓰고자 하는 의지를 갖게 되었고, 이유식 냄비를 저으며 힘들이지 않고 아이의 마음을 사로잡는 노하우도 연마했다. "싫으면 안 먹어도 된단다." 하는 속 편한 태도는 상황을 더 어렵게 만들 뿐이었으니까.

주방에서 아이의 마음을 사로잡기 위해 했던 연구와 정성은 나에게 또 하나의 기술로 남게 되었다. 그리고 주방에 서 있는 게 힘든 일이라는 생각이 옅어졌다.

아이의 서랍 정리는 아이와 함께하기로 했다. 물론 혼자 할 때보다 시간은 세 배로 오래 걸리고, 하고 나서도 너저분하다. 하지만 엄마가 정리하는 모습을 보여주고 그 과정을 알게 하는 것만으로도 아이는 서랍 뒤집기를 더 이상 하지 않았다.

아이와 집안일을 함께 한다는 것은 나의 육아에 중요한 강점이 되었다.

삶이 이토록 진했던 때가 있었을까

나는 아이를 키우는 시간을 엄마 인생의 황금기라고 말하고 싶다. 엄마의 모든 것을 쏟아붓는 시간이다. 이 시간을 통해 내 영혼을 갈아 넣어 세상 무엇보다 소중하고 값진 내 아이를 길러냈다. 동시에 전에는 알지 못했던 새로운 '나'를 볼 수 있었다.

아직 많은 날이 남아 있지만 지금까지 아이를 키워낸 시간을 떠올려 본다. 그것은 미치게 행복하고, 미치도록 힘들었다. 삶이 이토록 진했던 때가 있었을까?

아이는 바닥에 우유를 엎지르고, 내가 열심히 만든 밥을 반도 안 먹고 뛰어다닌다. 거실에 밀가루를 부어 놓기도 하고, 주방을 물바다로 만들기도 한다. 나는 아이에게 큰소리를 내다가 죄책감으로 괴로워하기도 한다. 아이가 너무나도 예쁘지만, 너무나 힘들기도 하다. 제대로 쓴맛이다. 망망대해에서 열심히 노를 젓다가 노를 놓쳐버린 것 같은 기분이 하루에도 열두 번은 든다. 그렇게 내가 울고 웃는 동안 아이는 쉬지 않고 자라났다. 그러면서 엄마인 나의 시간도 계속 흘러왔다.

하지만 젓던 노를 놓쳤을 때 고개를 조금만 들면 하늘과 맞닿아 끝없이 펼쳐진 바다의 장대함을 볼 수 있음을 알게 되었다. 아이를 키우다가 막막해지는 그때야말로, 엄마인 나를 들여다보고, 한 발 앞으로 나갈 수 있는 시간이라는 것을 알게 되었다. 이토록 진한 육아의 시간 한가운데서 엄마인 나를 돌아볼 수 있는 시간이라는 것을 깨닫게 되었다.

"너의 생을 다해 사랑의 등불을 켜라."

인도의 '시성詩聖'이라 불리는 타고르의 말이다.

아이를 낳아 기른다는 것은 생을 통틀어 가장 강렬한 경험이다. 아이와 더불어 함께하며 시작되는 엄마라는 경험이 바로 사랑의 등불을 켠다. 아이와 나의 삶에 사랑의 등불을 켜자. 내 아이와 나를 진하게 사랑하자. 그렇게 세상을 사랑하자.

균형, 행복한 육아의 핵심

엄마의 일생은 헌신이었다

"내가 엄마 때문에 못 살아."

서울에 사는 딸, 미영이 어느 날 갑자기 시골의 친정엄마 집으로 찾아온다. 친정엄마는 딸이 버린 옷을 입고, 보일러도 켜지 않은 채 전기장판에 의지해 겨울을 나고 있었다. 딸은 엄마의 궁상맞은 모습이 못마땅하다.

엄마는 말끝마다 눈을 흘기는 딸이 밉다. 그러나 야속한 마음도 잠시, 갑자기 찾아온 딸에게 무슨 일이 있는 것은 아닌지 걱정이 태산이다. 지친 모습으로 잠든 딸의 얼굴을 쓰다듬으며 늙은 엄마는 말한다.

"대체 무슨 근심이 있능겨. 뭐길래 이 엄마한테도 말을 못 하고 끙끙대능겨. 니가 입만 달싹해도 뭔 생각허는지 다 아는디. 그게 뭣이든 내가 다 품어줄 것인디."

연극 〈친정엄마와 2박 3일〉은 한평생 몸과 마음을 다해 자식에게 헌신하는 엄마와 시한부 판정을 받은 딸 이야기다.

지금 우리는 더없이 풍요로운 시대를 살고 있다. 하지만 우리의 엄마들은 어떨까? 자식을 위해 헌신하는 모습을 아직 그대로 가지고 있다. 엄마들은 자신을 희생하며 남편과 자식을 돌보는 걸 당연하게 여기며 살아왔다. 자식들이 좀 더 좋은 경험을 해보고 더 나은 교육을 받을 수 있는 기회를 마련해 주고자 생활비를 쪼갰다. 자신을 위한 투자는 없었다.

그렇게 시간이 흘러 아이들은 성장했다. 이제 조금 편히 쉬면서 인생을 즐길 수 있을까? 아니다. 이제 아이의 아이들을 돌봐 주어야 한다. 손주는 눈에 넣어도 아프지 않을 만큼 예쁘지만 눈이 침침하고, 귀여운 손주들을 업어줄 때는 그리 행복할 수가 없건만 허리가 아프다.

엄마의 시간은 60, 70이 되어서도 '내 아이'를 돌보기 위해 돌아간다. 엄마인 자신을 키워 본 적은 없다. 허탈하다. 아이들과 손주들을 잘 키웠으니 보람이 있다. 하지만 정작 자신을 위한 것은 어디에도 없는 것만 같다.

우리 엄마들의 세대는 전적으로 자식을 위해 헌신하는 삶을 살았다. 미영의 엄마처럼 자신은 냉골에 몸을 누일지언정 자식에게는 아랫목의 가장 따뜻한 자리를 내어준다. 그런 엄마를 생각하면 눈시울이 붉어진다. 하지만 우리는 지금껏 헌신해 온 엄마에게 또 습관처럼 헌신을 요구한다. 그러면 엄마는 자식이 원하는 것을 해

준다. 자신은 돌보지 않은 채로.

이래저래 죽을 맛

"나는 진짜 내가 슈퍼맘이 될 수 있을 줄 알았거든. 근데 내 일도 똑바로 못 하고, 애가 아픈 것도 모르고, 정말 뭐 하나 제대로 하는 게 없다."

웹 드라마 〈며느라기〉의 한 장면이다. 능력 있는 워킹맘인 도 팀장은 아이가 아픈데도 중요한 계약을 위해 회식 자리를 지킨다. 그리고 아픈 아이를 집에 남겨둔 채로 회식 자리를 지키며 화기애애하게 분위기를 주도하던 도 팀장은 회식이 끝날 무렵, 동료에게 일과 육아를 병행하는 워킹맘으로서의 고충을 토로한다.

현실의 워킹맘들의 말도 별반 다르지 않다.

"힘들죠. 아이한테도 미안하고, 직장에서도 내 몫을 다하지 못 하는 기분이에요. 이래저래 죽을 맛이지만 내 인생 생각해서 하는 거죠. 내 자존감, 자아 정체감, 이런 것들 때문에요. 지금이 아이가 너무 예쁠 때이고, 소중한 시간이라 생각되지만 그만둘 수는 없어요. 경제력이 없다는 게 사람을 위축시키기도 하고요. 그런데 성취감보다는 버티는 기분, 고갈되는 기분을 더 자주 느껴서 너무 힘들어요."

한 온라인 육아 커뮤니티에 올라온 워킹맘의 고충을 토로한

글이다. 육아와 성취의 균형을 찾고는 싶지만 쉽지 않다. '이래저래 죽을 맛'이라는 표현에서 일과 육아를 동시에 하는 것이 얼마나 힘든 일인지 절절하게 느껴진다. 그야말로 하루하루를 버티면서 사는 것이다. 아이를 위한 시간도 나를 위한 시간도 만족스럽지 못 하다. 이렇게 세월을 보내다가 소중한 것들을 다 잃을 것만 같다.

K금융사에서 2019년 말에 「워킹맘 보고서」를 발간했다. 고등학생 이하의 자녀를 둔 여성 2천 명을 대상으로 온라인 설문조사를 한 결과에 따르면, 워킹맘의 95%가 "퇴사를 고민한 경험이 있다"고 한다. 워킹맘 10명 중 9명은 일과 육아를 함께 해 나가기 힘들다고 생각했다는 의미이다.

엄마를 돌보러 왔어요

"당신을 돌보러 왔어요."
"아기를 돌보러 온 줄 알았어요."
"네, 그 아기가 엄마예요."

영화 〈툴리〉의 한 장면이다. 주인공인 마를로는 남편과 두 아이와 함께 살고 있다. 그리고 셋째를 임신한 상태이다. 첫째는 학교에 적응을 못 하고 있고, 둘째는 관심과 보호가 필요한 아이였다. 남편은 출근을 했다가 돌아오면 게임만 한다. 육아에 도움이 되지 않는다. 그 와중에 갓난아기까지 돌보는 험난한 독박육아의 상황이 시작되었다.

그렇게 육아에 지친 나머지 마를로는 야간 보모를 부르기로 마음을 먹는다. 야간 보모인 툴리가 왔다. 그녀는 마를로와 대조적으로 어리고 생기가 넘쳤다. 어린 나이임에도 완벽하게 아기를 돌본다. 마를로의 마음도 어루만져 준다. 마를로는 툴리가 온 뒤로 웃음과 안정을 되찾는다.

하루는 툴리와 마를로가 함께 뉴욕 시내로 나가 술을 마시기로 한다. 돌아오는 길에 졸음운전으로 사고가 나고, 마를로는 병원에 입원하게 된다. 의사는 병원으로 온 남편에게 혹시 마를로에게 정신병력이 있었는지 물어본다. 남편은 마를로가 과로와 수면부족에 시달리고 있다고 말한다. 그리고 서류를 작성하던 간호사가 남편에게 마를로가 결혼 전에 사용하던 성이 무엇이었는지 물어본다. 그 성은 바로 '툴리TULLY'였다. 툴리는 마를로의 또 다른 자아였고, 마를로가 너무나도 지쳐버려 모든 것을 놓아버릴 지경에 이르게 되자 툴리가 나타나 마를로를 도운 것이다.

심각한 육아 우울증으로 만들어 낸 인물로부터 위로를 받는 마를로를 보고 있자면 가슴이 먹먹해진다.

헌신적인 친정엄마, 고달픈 워킹맘, 우울감에 시달리는 마를로. 엄마인 우리가 처한, 혹은 주변에서 흔히 볼 수 있는 상황들이다. 이 엄마들에게 필요한 것은 무엇일까?

신사임당의 삶에서 엿보는 균형

오만 원 권 지폐에서 만날 수 있는 신사임당을 떠올려 보자. 신사임당은 일곱 명의 아이들을 서당에 보내지 않고 스스로 가르쳤는데, 13살에 장원으로 급제한 넷째 아들은 물론이고 큰딸은 그림을 잘 그렸고, 막내아들 또한 시서화는 물론 거문고 연주에 탁월한 재주를 보이는 등 다른 자녀들도 각자 자신만의 재능을 가지고 있었다고 한다.

신사임당은 각자 타고난 재능과 자신이 원하는 삶을 선택해 그 길을 갈 수 있도록 자식들을 응원했고, 자신만의 진짜 삶을 살기 위해서는 무엇을 해야 하는지 가르쳤다.

하지만 신사임당을 더욱 도드라지게 만든 또다른 점이 있다. 바로 자기 자신의 성장을 위해서도 끊임없이 공을 들였다는 것이다.

그녀는 자식을 일곱이나 낳고 기르는 와중에도 손에서 책을 놓지 않으며 자신의 학문적 성장을 위해 노력을 그치지 않았고, 그를 통해 아이들에게 귀감이 되었다. 시를 쓰고, 그림을 그리는 등 예술 활동 또한 게을리 하지 않아 40여 점의 작품을 남긴 조선 최고의 여류화가로 평가받고 있다. 특히 그녀가 그린 '초충도'에는 풀 한 포기, 벌레 한 마리까지 세심하게 표현되어 있는데, 세상을 세심하게 들여다 보고 관찰하는 그녀의 시선을 엿볼 수 있다.

조선시대 법도에서는 여자의 이름은 기록에 남기지 않았는데, 이는 사임당 역시 마찬가지였다. '사임師任'은 나이 13살 때 주나라

문왕의 어머니인 태임太任을 자신의 롤모델로 삼겠다는 뜻으로 직접 지은 호이다. 당시 사대부 집안 남자들이 호를 갖는다는 것은 당연한 일이었지만 여자에게는 매우 드문 일이었는데, 자신이 직접 호를 지었다는 것은 자신의 정체성을 드러내기 위한 사임당의 강한 의지였을 것이다.

아이를 키우는 동안 많은 것들이 아이를 중심으로 흘러간다. 나의 이름보다는 'OO엄마'라는 호칭으로 더 많이 불린다. 심지어 온라인 커뮤니티에서는 'OO맘'이라고 스스로 이름 붙이기도 한다.

우리가 신사임당의 모습에서 주목해야 할 것은 무엇일까? 바로 균형이다. 자녀교육과 자기 성장 사이의 균형.

신사임당은 여성이 활동하기에 제약이 많았던 조선이라는 시대를 살아가면서도 육아와 자신의 성장 사이에 균형을 만들어 냈다. 오백 년이 지난 지금은 '엄마와 한 인간'이라는 정체성 사이에서 균형을 찾을 수 있는 너무도 많은 것들이 있지 않은가?

"공기 반, 소리 반."

유명 가수 겸 제작자인 박진영이 오디션 프로그램에서 참가자들을 심사하며 유명해진 말이다. 노래를 부를 때 '편안하게 노래하는 것'을 표현한 말이라고 한다. 그렇게 노래하면 성대가 다치지 않는다고 한다. 공기가 줄어들어도 성대가 다치고, 공기를 일부러 불어넣어도 성대가 다친다고 한다. 그저 말하듯 자연스럽게 노래하기, 그것이 그가 무대에서 노래하는 참가자들에게 가장 강조한 것이었다.

　이제 조명을 옮겨 우리의 육아 무대를 바라보자. 엄마와 아이, 어느 한쪽으로도 기울어지지 않은 균형 있는 모습이 필요하다. 말하는 것처럼 편안한 육아, 둘 다 소중히 여기는 육아. 내 아이도 소중하고, 엄마인 나도 소중하다. 아이도 키우고 엄마도 키워야 한다. 둘 다 행복해야 한다. 그 행복을 위한 균형을 기억하자. 균형은 행복한 육아의 핵심이다. 나의 이름으로 내 인생을 충실히 살며 아이를 한껏 안아주자.

　"엄마 반, 아이 반."

육아를 즐기는 완벽한 방법

여행에 관한 책을 보던 동생이 물었다.

"다시 태어난다면 어디에서 살고 싶어?"

"난 봉쇄 수녀원."

"⋯⋯."

"온종일 혼자 있고 싶어. 혼자 밥 먹고, 혼자 공부하고, 혼자 기도하면서 말이야."

황당한 내 대답을 듣고 동생은 차가운 탄산수 한 잔을 내게 건넸다.

"엄마, 여기로 와 봐."

"엄마, 같이 블록 하자."

"엄마, 나 똥마려워."

"엄마 엄마, 이건 뭐야?"

아이가 네 살이었을 때였다. 아이는 쉬지 않고 엄마를 불렀다.

아! 나도 쉬고 싶은데, 나도 오늘 하고 싶은 일이 있는데. 아이를 따라다니다 보면 저물어 가는 하루에 마음만 조급해질 때가 많았다. "이제 그만 불러!" 하고 시원하게 소리치고 싶지만, 나는 아이를 잘 키우고 싶은 엄마가 아닌가? 고구마 백 개를 먹은 것 같은 마음이었다. 하지만 그 말들을 꾹꾹 눌러 놓았다.

시원한 탄산수 한잔을 마시며 생각했다. '나는 왜 자꾸 도망치고 싶은 마음이 드는 거지?' 아이는 자신의 하루를 신나게 보내고 있다. 엄마 찬스를 무제한으로 사용하면서 말이다. 그런데 나는 같은 시간을 '겨우겨우' 보내고 있다는 것을 알아챘다. 억울한 마음마저 가지고서 말이다. 너무 아까웠다.

그래서 아이와 함께 하는 그 소중한 시간을 힘들이지 않고 신나게 보낼 방법을 생각하게 되었다. 내 삶에서 가장 중요한 역사일수도 있는 이 시간을 즐기려면 어떻게 해야 할까?

융의 수제자로 알려진 심리학자 마리-루이제 폰 프란츠가 유럽 여행을 할 때의 일이다. 그는 한 이탈리아인이 운영하는 숙소에 묵게 된다. 숙소의 주인은 열두 명의 아이를 둔 여성이었다. 열두 명의 아이를 키우며 숙소를 운영하는 그녀는 늘 분주했다. 그러면서 아이들에게 끊임없이 큰소리를 치거나 머리를 쥐어박고는 했다.

그 모습을 본 프란츠는 '저런 엄마가 키우는 아이들은 어떤 모습으로 성장할까?' 하고 궁금해 했고, 그 숙소에 머무르는 동안 열두 명의 아이들을 유심히 지켜보았다. 그런데 예상과 달리 아이들은 모두 너무도 밝고 건강했다. 그리고 폰 프란츠는 엄마의 양육 태도보다 건강한 심리 상태가 더 중요하다는 것을 알게 되었다. 아이들에게 완벽하게 훌륭한 엄마가 되기 위해 엄마 자신을 억압 하면 자신도 점점 불행해지고, 그 영향이 아이들에게까지 미칠 수 있다는 것이다.

진짜 완벽한 것이란

엄마들은 임신한 순간부터 아이를 위해 할 수 있는 거의 모든 정성을 쏟는다. 좋은 음식을 먹고, 긍정적인 생각만 하려고 애쓴 다. 아이가 태어나면 어떤가? 아이를 위해 비싼 유모차, 장난감과 책을 사기 위해 지갑 여는 걸 주저하지 않는다. 유기농만 먹이고, 혹시 영양이 부족할지 몰라 값비싼 영양제를 해외 판매처까지 뒤 져서 구해낸다. 자신은 TV를 많이 보며 자랐지만 아이에게는 영 상도 엄선한 것만 보여준다. 아이의 교육을 위해 좋은 유치원을, 학원을 알아보는 데도 열성이다. 심지어 아이의 인간관계까지 계 획하고 적극적으로 개입하기도 한다.

부모가 육아에 정성을 쏟는 것은 아주 당연하다. 옳은 일이다. 아이도 엄마의 정성을 받아먹으며 많은 것을 누리고, 가지게 될 것 이다. 하지만 요즘은 그 정도가 과한 경우가 많다. 그런 경우에 엄 마들이 육아에 쏟는 노력을 버겁게 느끼고, 심지어 감당하기 어렵 다고까지 한다. 이런 버거운 육아의 무게는 엄마의 번아웃을 부른다. 혹여 아이가 엄마가 계획한 길로 가지 않을 경우라면 큰 허탈감마저 느끼게 된다.

이런 육아가 아이, 엄마 그리고 가족 전체에 좋은 영향을 줄 리가 없다. 육아는 내가 할 수 있는 만큼을 하면 된다. 힘을 빼도 된다. 아니 힘을 빼야 한다. 아이의 공부? 아이의 사회성? 아이의 키? 이것들은 전적으로 엄마의 책임이 아니다. 엄마는 든든하게 아이 뒤에서 버텨 줄 사람으로 존재하는 것만으로 충분하다. 아이들은 스스로 성장할 내면의 힘이 있기 때문이다.

엄마가 지치지 않고 든든하게 버텨 주려면 엄마 스스로 더 편안하고, 건강해져야 한다. 세상의 기준에 맞춰 모든 면을 완벽하게 챙기느라 지쳐가는 것은 좋은 육아가 아니다. 그리고 모든 면에서 세상의 기준에 맞는 완벽한 육아를 한다는 것은 불가능에 가깝다. 게다가 누구도 '이상적인 육아란 이런 것이다.' 라고 정의할 수도 없다.

"완벽함이란, 더 더할 것이 없을 때가 아니라 더 이상 뺄 것이 없을 때 완성된다."

생텍쥐페리가 한 말이다. 완벽한 육아를 위해 엄마가 해야 할 것은 무엇을 더하는 것이 아니라 빼는 것이다. 육아에서 군더더기들이 사라질 때 비로소 완벽하게 편안하고, 즐거워진다. 중요하지 않은 것들이 사라지면 소중한 것들이 그 자리를 채울 것이다.

계속 덜어내자. 소중한 것들에 더 집중하기 위해 육아를 단순하게 세팅해 보자. 육아가 단순하면 엄마의 마음은 더 건강해지고, 육아는 더 즐거워진다.

마음은 내가 아니다

"자유의 출발점은 당신 자신이 소유하는 실체, 즉 생각하는 사람이 아니라는 걸 깨닫는 순간입니다."

에그하르트 톨레는 『이 순간의 나』에서 마음과 자신을 동일시하면 '나'라는 존재의 본질과 멀어진다고 역설했다. 나와 내 생각을 분리한다? 이 무슨 이상한 말인가 싶다. 그게 가능한 것인가? 이어지는 설명을 보자.

"머릿속의 목소리에 귀 기울이세요. 당신의 머릿속에서 오래된 테이프처럼 몇 년째 똑같이 반복되고 있는 생각의 패턴에 가능한 한 자주 주의를 기울여야 합니다. 이것이 바로 '생각하는 사람을 관찰하는 것'입니다. 이것은 곧 머릿속의 목소리에 귀를 기울이면서 그곳에 목격하는 존재로 있으라는 의미입니다."

산후우울증, 육아 스트레스. 무기력감, 아이와 남편에 대한 분노, 일과 육아를 병행하면서 오는 번아웃, 미래에 대한 불안감….

우리는 아이를 키우는 동안 엄청난 스트레스를 감당하게 된다. 참으로 많은 부정적인 감정들에 휩싸인다. 하지만 이것들은 늘 같은 패턴으로 우리 안에서 소리 내고 있음을 인지해야 한다. 어제도 오늘도 반복되는 소리이다.

그 부정적인 목소리를 나와 동일시 하지 말자. 왜냐하면 나의 본질은 우울함이나 불안, 무기력감 등이 아니기 때문이다. 나는 있는 그대로의 나이다.

나의 삶은 지금 이 순간이다. 인생이 지금 이 순간이 아니었던 적은 한 번도 없었다. 앞으로도 그럴 것이다. 지금 이 순간, 아이와 자신을 키우고 있는 당신은 완벽한 존재라는 것을 믿어야 한다.

아이를 키우는 이 시간도 내 인생의 중요한 순간이다. 그 시간을 꾸역꾸역 보내고 있지는 않은가? 그 시간이 너무 힘들어 살이 찌거나 빠지고 있지는 않은가? 원망할 누군가를 찾고 있지 않은가? 지금 당장 거울을 들고 내 모습을 보자. 거울 속 나에게서 생기가 느껴지는가?

미루면 안 된다. 지금부터 나의 시간을 바꾸자. 부담과 불안은 내려놓자. '헬육아'라는 말 따위는 저 멀리 던져 버리자. 나에게 주어진 모든 시간은 즐기는 것이다. 육아의 시간도 마찬가지이다. 당신은 완벽한 존재라서 충분히 가능하다.

"아이를 낳아 키우는 것은 이 세상에서 누릴 수 있는 가장 큰 기쁨일 것입니다. 단언컨대, 내 자식을 내 손으로 키워본다는 이 희열은

이 세상 어느 것과도 바꿀 수 없습니다."

생물학자 최재천 교수가 자신의 유튜브 채널에서 한 말이다. 그는 '희열'이라는 말로 아이가 주는 강렬한 기쁨을 표현하였다. 육아의 시간을 힘들어 하는 대신 '희열'을 한번 제대로 느껴보자! 그러기 위해 기억하자. 지금 이 순간! 가볍게! 단순하게!

엄마가 시를 읽으면 아이는 시를 쓴다

아이가 세 돌이 되었을 무렵이었다. 아이에게 "너는 누구니?" 하고 물으면, "나는 엄마야." 라고 답했다. "너는 준이지." 하자, "아니야, 난 엄마야." 하고 더 큰 목소리로 답했다. 아이는 자기를 한없이 드러내지만 매 순간 엄마를 닮고 싶어 했다. 그리 멋있지도 않은 엄마를 닮고 싶어 하는 아이를 보며, '이 아이에게 나는 무엇일까?' 하는 생각을 했다. 그리고 아이가 늘 나를 보고 있다는 생각이 들어 살짝 긴장하게 됐다.

마치 거울을 보듯이

아이는 엄마와 아빠의 모든 것을 흉내낸다. 부모의 말투, 걸음걸이, 습관 등 아이는 부모의 모든 것을 자신에게 새긴다. 아이들이 가지고 노는 장난감을 보아도 알 수 있다. 청소기, 싱크대, 공구 등… 부모의 행동을 모방하는 것 자체가 그들의 놀이가 된다.

1990년대 초, 이탈리아의 저명한 신경심리학자 리촐라티[Giacomo

Rizzolatti 교수는 원숭이의 동작과 뇌에 관한 활동을 연구하고 있었는데, 원숭이의 뇌 활동을 관찰하던 그는 흥미로운 사실을 하나 발견하게 된다. 한 원숭이가 전혀 움직이지 않았는데도 움직임과 관련된 뇌세포, 즉 뉴런들이 활발히 활동하고 있었던 것이다.

그 원숭이는 움직임 없이 다른 원숭이나 주위에 있는 사람의 행동을 보고만 있었다고 하는데, 직접 행동하지 않고도 마치 자신이 그 행동을 하거나 느끼고 있는 것처럼 동일한 활동을 하는 뉴런을 확인하는 순간이었다. 이 뉴런들은 행위를 '하는 것'과 '보는 것'을 똑같이 받아들이는 신경세포였다. 이것은 마치 거울과도 같다고 해서 '거울 뉴런'이라는 이름을 붙였다.

거울 뉴런은 아이가 성장할 때 표정, 행동, 감정 등 다양한 영역에서 반응하여 모방을 통해 언어 습득이나 공감할 수 있게 한다. 인간이 문화를 형성할 수 있는 호모사피엔스로 진화할 수 있는 데에는 거울 뉴런이 큰 역할을 했다. 아이들은 부모의 행동을 보고 자기가 그 행동을 하고 있다고 생각한다. 자연스럽게 동일시하게 된다. 아이들은 부모를 거울처럼 모방하며 자신을 성장시킨다.

엄마의 숲을 보며 아이는 자신만의 숲을 만들어 간다

영화 〈리틀 포레스트〉는 서울살이에 지친 주인공 혜원이 엄마와 어린 시절을 보냈던 고향으로 내려와 1년여의 시간을 보내는 이야기이다.

'그동안 엄마에게는 자연과 요리, 그리고 나에 대한 사랑이 그

만의 작은 숲이었다. 나도 나만의 작은 숲을 찾아야겠다.'

영화에서의 이 내레이션처럼 나는 이 영화를 볼 때마다 주인공 혜원의 엄마에게 자꾸만 마음이 머물곤 했다.

남편 병간호를 위해 남편 고향으로 내려온 혜원의 엄마는 남편이 세상을 떠난 후에도 그곳에 남아 좋아하는 요리를 하며 자연속에 묻혀 '자신의 숲'을 만든다. 그리고 딸이 스무 살이 되자, '접어두었던 꿈을 찾아 떠난다'는 편지 한 장을 남기고 사라진다.

남겨진 딸, 혜원은 엄마를 원망한다. 무엇 하나 제대로 되는 것이 없는 자신의 청춘은 오로지 엄마 때문이라고 생각한다. 그럼에도 혜원은 엄마와 함께했던 시간을 되짚어 간다. 엄마가 해 줬던 요리를 직접 해 먹고, 사계절을 느끼며, 어려운 마음의 고비를 넘기며, 엄마와 함께 했던 공간에서 봄, 여름, 가을, 겨울을 지낸다. 그리고 엄마가 남겨준 유산과도 같은 요리를 하며 힘겨운 청춘의 터널을 지나는 방법을 알게 된다. 크렘 브륄레, 배추전, 봄꽃 파스타, 감자 빵, 팥 설기, 곶감 등 엄마가 어린 혜원에게 삶과 사랑을 이야기하며 만들어 주었던 음식들은 혜원이 현재를 살아가는 힘의 자양분이 되어 준다.

혜원은 어렸을 적에 엄마가 요리를 하며 들려주었던 많은 이야기들을 잊지 않았다.

"요리는 마음을 비추는 거울이야.", "기다려. 기다릴 줄 알아야 최고로 맛있는 음식을 맛볼 수 있어. 요리도 인생도 타이밍이 중요해."

자연과 요리와 함께한 엄마와의 기억은 혜원이 자신이 걸어온 길을 돌아보고 새롭게 뚜벅뚜벅 전진할 힘이 되었다. 엄마와의 추억, 기억은 아이가 살다가 넘어졌을 때, 엄마의 숲으로 다시 찾아들도록 인도한다. 그곳에서 아이는 다시 자신을 다독이고 새로 일어설 힘을 얻을 것이다. 혜원 엄마의 '리틀 포레스트'가 자연과 요리, 그리고 혜원에 대한 사랑이었던 것처럼 엄마가 남긴 자양분을 토대로 혜원은 자신의 숲을 만들어 나간다.

영화 〈리틀 포레스트〉는 스스로의 숲을 키워 나가는 엄마의 모습을 보여준다. 동시에 아이가 자신의 숲을 만들어갈 수 있는 자양분을 심어주는 것이 얼마나 가치 있는지를 잔잔하게 보여준다. 그 가치는 아이가 달리다가 숨 고르기를 하는 순간이 오면 진가를 발휘한다. 힘든 삶 속에서 한 줄기 미소를 지을 수 있게 해 주는 것, 그것이 바로 '리틀 포레스트'이자 고향이다. 우리는 매일 아이에게 나만의 취향과 정서를 아이에게 새기고 있다. 그것이 소중한 유산이 되어 아이는 자기만의 숲을 만들어나간다.

"딸, 차 한잔 하자. 방금 덖은 꾸지뽕이야."
언제부턴가 엄마는 늘 차와 함께 했다. 엄마가 머무는 곳에는 언제나 몇 가지의 차와 다기들이 있었다.
엄마는 손수 차를 만들기도 했다. 구수한 맛이 입 안 가득 퍼지는 꾸지뽕 차는 이슬이 내려앉는 시간에 오름을 걸어 오르며 한줌

따온 것이다. 봄을 온몸으로 안는 것만 같은 쑥차는 겨울을 견디고 처음 흙을 뚫고 올라 온, 어린 쑥으로 만들었다. 너무도 예쁜 노란색의 귤피차는 그저 햇볕과 사랑으로만 키운 귤로 만들었다.

엄마는 차를 직접 다듬고 씻고, 썰고 말리고, 덖어내는 일을 사랑했다. 그리고 차를 덖은 날이면 제일 먼저 나에게 권했다. 엄마와 함께 차를 마시던 기억은 나에게 그 차들처럼 따뜻하게 남아 있다.

내가 조금 지치거나 쉬고 싶을 때마다 하는 일이 있다. 어질러진 집안도, 쌓여 있는 일거리들도 잠시 덮어두고 물을 끓인다. 집안 모든 창문을 열어 바람이 통하게 하고, 따뜻한 차를 우려 마시며 시집을 펼치곤 한다. 그 일들은 일상에 파묻힌 나의 감각을 깨워주기 때문이다. 창문을 통해 들어온 바람과 함께 느끼는 알싸한 홍차는 나의 등을 토닥여주는 것 같다. 예쁜 노란색 향긋한 귤피차는 나의 손끝 세포에까지 온기를 전해 주고, 따뜻한 차와 함께 만나는 시인들이 풀어낸 고운 단어들은 내 마음과 입술을 말랑말랑하게 만들어 준다. 그 순간, 곁에 있는 아이에게 전해 주는 시는 아이의 마음도 만져 준다.

우리 애기는
아래 발치에서 코올코올
고양이는

가마목에서 가릉가릉

애기 바람이

나뭇가지에 소올소올

아저씨 해님이

하늘 한가운데서 째앵째앵

윤동주의 〈봄〉이라는, 아이가 좋아하던 동시이다. 아이가 어릴 적에는 같이 동시를 자주 읽었는데, 말을 배운 지 얼마 안 된 아이에게도 '취향'이라는 것이 생기더라. 아이는 자주 "엄마, 코올코올, 소올소올." 하며 내 품을 파고들었다. 엄마가 읽어주는 시를 들으며 자란 아이는, 시처럼 말을 배웠다.

아이에게는 소소한 취미가 있다. 포스트잇에 무엇인가를 끄적여 붙이는 것이다. 생선을 구웠던 어느 저녁에 아이는 다 먹고 난 생선 가시에 이런 메모를 붙였다.

'다 같이 노를 저어, 다시 바다로 가자.'

아이는 다 발라먹고 남은 생선 가시가 길다란 배에 사람들이 앉아 노를 젓는 것 같다고 생각한 것이다.

나의 호피무늬 스카프에도 메모를 남겨두었다.

'엄마는 오늘 전복을 목에 걸고 유치원에 왔다.'

아이의 눈에는 호피무늬가 전복이 가득하게 모여 있는 것으로 보였던 것이다.

아이의 시선은 신선하다. 그리고 그 신선한 시선을 엄마가 즐겨 읽는 시처럼 표현하고 싶어 한다. 아이가 그렇게 나를 바라보고 내가 즐기는 방향을 바라보고 걸어오고 있다고 생각하니 귀엽다는 생각에 미소가 번진다.

그렇게 아이는 내 곁에서 시를 쓰고, 따뜻한 무언가를 마시면서 자신의 취향을 발견해 가고 있다. 그리고 이렇게 쌓인 시간의 기억과 아이의 취향은 아이가 삶의 휴식이 필요할 때마다 꺼내 보게 될 것이다.

엄마와 아이는 닮아간다. 아이의 모습에서 나를 발견하게 된다. 그리고 아이는 더 나아가 엄마가 보여준 모습을 확장시킨다. 아이 마음에 심은 작은 씨앗은 날마다 자라나 엄마가 가진 것보다 더 예쁜 꽃을 피운다.

"아이는 엄마의 등을 보고 자란다."

"곡식은 농부의 발걸음 소리를 듣고 자란다." 라는 말이 있는 것처럼 아이는 어릴 적부터 엄마의 모든 것을 눈과 마음에 담으며 커간다. 곡식이 농부의 발걸음 소리를 들으며 낟알이 영그는 것처럼.

엄마가 시를 읽으면, 아이는 그 곁에서 시를 쓸 것이다.

그대들은 활이니
살아 있는 화살 같은 아이들은 그대들로부터 쏘아져 앞으로 나아간다.

신은 무한의 길 위에 있는 과녁을 겨누고

그의 화살이 빠르고도 멀리 갈 수 있도록 온 힘을 다해 그대들을 당기리라.

그러니 그대들은 신의 손에 기쁘게 당겨지라.

그는 날아가는 화살을 사랑하는 것만큼 튼튼한 활인 그대들을 또한 사랑해 주시리라.

_칼릴 지브란 <예언자, 자녀들에 대하여 중에서>

아이들은 활에서 쏘아져 앞으로 나아간다. 아이들을 힘 있게 세상으로 보낼 힘은 바로 엄마의 사랑이라는 활이다. 화살을 쏘아 보낼 때, 활은 화살이 과녁까지 갈 수 있는 최대의 힘을 모두 실어 보낼 것이다. 그 힘은 엄마와 아이가 함께한 시간에서 오는 것이다.

엄마가 가장 빛나는 순간

"그는 생기 넘쳤으며 기쁨에 파르르 떨었고, 두려움이 통제되는 것이 자랑스러웠다. (중략) 이제 살아갈 이유가 얼마나 더 많은가! 단조롭게 낚싯배를 왔다 갔다 하는 것 이상의 사는 이유가 생겼지! 우린 무지에서 벗어날 수 있어. (중략) 우린 자유로울 수 있어! 비행하는 방법을 배울 수 있어!"

『갈매기의 꿈』에서 갈매기 조나단이 시속 344km로 비행을 한 뒤에 느낀 전율을 표현하는 구절이다.

엄마로 살아가면서 기쁨에 겨워 파르르 떨어본 적이 있는가? 아이가 처음으로 눈을 맞추며 웃던 순간? 아이가 처음으로 "엄마!"라고 말했을 때? 아이가 영어 동화책을 줄줄 읽을 때?

아주 많이 기뻤던 적은 여러 번 있었을 것이다. 좋다. 다시 질문을 던져 보자. 누구의 엄마라서가 아닌 '나'로서, 그저 나 자신이 이유가 되어 기쁨에 파르르 떨어본 적이 있는가?

세상에 저절로 생겨나는 일은 없다

"So beloved sons! This is the result, because mommy worked so hard!"

사랑하는 아들들아, 이게 결과란다. 엄마가 정말 열심히 일했거든.

2021년 4월, 배우 윤여정은 영화 〈미나리〉로 93회 아카데미 여우조연상을 수상했다. 한국 영화사 102년 만에 아카데미 연기상 후보에 오른 최초의 배우이자 처음 연기상을 받은 배우가 되었다. 아시아 출신 배우로 아카데미에서 상을 받은 것은 64년 전 일본 배우 우메키 마요시 이후 두 번째이다.

윤여정의 아카데미상 수상만큼이나 주목을 받았던 것은 그녀의 수상소감이었다. 그녀는 매력적인 영어 발음으로 위트 있고 솔직하면서도, 진정 멋들어진 이야기를 풀어놓았다.

생계를 책임져야 했던 윤여정은 두 아들을 키우며 쉼 없이 일했고, 상은 그 결과물이었다고 말했다. 잘 알려진 대로 윤여정의 인생은 탄탄대로가 아니었다. 그녀는 힘겹게 두 아이를 키우며 살아온 싱글맘이었다. 그런 녹록치 않았던 삶을 유쾌한 위트로 승화시킨 그녀의 말은 얼마나 멋진가. 특히 "Mommy worked so hard." 라고 풀어놓은 부분은 그녀의 수상소감에 특별함을 더해 주었다.

"한순간에 이뤄진 게 아니에요. 저는 오랜 경력이 있고, 한 걸음 한 걸음 제 경력을 쌓아오려고 노력했거든요. 세상에 '펑!' 하고 일어나는 일은 없습니다.”

시상식 이후 이어진 인터뷰에서 윤여정은 배우로서의 자신의 노력에 대해 이야기했다. 그렇다. “펑!” 하고 일어나는 일은 어디에도 없다. 그녀는 아이를 키우며, 자신의 꿈을 펼쳐나가는 것도 게을리 하지 않았다. 자신의 상황과 편견에 맞서 끊임없이 ‘노력’했다.

그녀는 엄마이면서 배우였다. 엄마의 책임과 배우로서의 삶을 모두 멋지게 완성했다. 그녀가 가진 두 가지의 역할 중 하나라도 없었더라면 아카데미 무대에 선 그녀를 볼 수 없었을 것만 같다.

'여기까지'가 아니라 '여기부터'

tvN에서 방영된 〈엄마는 아이돌〉은 한때 최고의 스타였지만, 출산과 육아로 소위 ‘경단녀’의 길을 걷게 된 가수들의 현재 모습을 볼 수 있어 화제가 되었다.

이 프로그램에 ‘원더걸스’의 멤버였던 선예가 출연했다. 선예는 24살의 이른 나이에 결혼을 하고 세 아이를 낳았다. 10년이 지나 34살이 된 그녀의 모습을 볼 수 있었다. 선예를 응원하기 위해 스승이자 오랜 친구였던 박진영이 함께 출연했다. 그리고 함께 노래한 후 그는 소감을 이야기했다.

“이 노래를 녹음할 때가 (선예가) 고3 때였나? 고3 때 녹음할 때랑 감정이 너무 다른 거에요. 그러니까 이게 자꾸 울컥울컥해서⋯ 그때 선예가 노래 부르던 감정과 오늘 부르던 감정이, 그 사이에 있던 선예의 삶을 다 말해 주는 것 같은⋯."

이날 선예의 노래에서는 정말 다양한 감정이 느껴졌다. 과거의 자신의 모습들, 엄마로서의 삶, 꿈을 다시 꺼내든 마음, 설렘과 두려움, 후회와 기대, 더 단단해진 마음, 세상을 향한 사랑⋯.

선예는 과거에는 볼 수 없었던 무대를 만들어냈다. 엄마로 살아낸 10년이 가수로서의 선예도 성장시킨 것이다. 박진영은 출연을 고민하던 선예에게 이렇게 말했다고도 했다.

"전 그냥 딱 한마디 했어요. 지금 이걸 보는 수많은 엄마 혹은 자기 삶이 '여기까지구나' 라고 체념하셨던 많은 분께 다시 한 번 용기를 줄 수 있을 것 같으니까 열심히 해라. 그렇게 얘기했죠."

이날 방송 이후, 온라인 육아커뮤니티는 엄마들의 반응으로 뜨거웠다. 선예의 무대는 꿈을 고이 접어두었던 엄마들에게 강한 용기 한 방을 선사하기에 충분했다. 그렇다. '여기까지'가 아니라, '여기부터'이다.

길을 잃는 순간에도 멈춰서지는 않는다

한 번쯤 미로를 걸어본 적이 있을 것이다. 미로는 복잡하게 길을 만들어 입구에서부터 출구로 나가는 길을 찾아 목표지점에 도달하도록 복잡하게 그려놓은 길이다.

미로는 입구와 출구가 있지만 누구나 한번 들어가면 길을 잃고 헤매기 쉽다. 중세의 수도원에서는 수행의 방법으로 활용하기 위해 미로를 성당 바닥에 새기기도 했다. 『오래된 것들은 다 아름답다』에서 건축가 승효상은 프랑스 샤르트르 대성당의 미로에 대해 다음과 같이 말했다.

"옛 순례자들은 무릎을 꿇고 이 미로의 가운데를 향하여 입구에서부터 무릎으로 기어가기 시작한다. 중심원에 다다르기 위해서이다. 그러나 중심원에 거의 다다랐다고 여긴 순간 미로의 방향은 다시 중심원과 멀어지기 시작하여 끝내는 가장 바깥 둘레로 오게 되고, 중심을 향한 순례를 다시 시작하게 된다. 이 과정을 일곱 차례나 거친 후, 무릎의 고통이 극에 달한 후에야 비로소 중심에 다다르게 된다."

미로를 걷는 사람은 미로를 통과하기 위해 길을 찾는 과정을 겪으며, 기대하고 실망하기를 반복한다. 결국 출구를 찾아 나가고 나면 해방감과 자유로움을 느끼게 된다. 미로 속에서 사람들이 느끼는 감정과 깨달음은 각기 다르다.

하지만 우리가 주목해야 할 것은 미로에 한번 진입한 사람이면, 시행착오를 겪으며 길을 찾아야만 한다는 것이다. 아이를 키우며 사는 일은 실로 미로를 걷는 것과 많이 닮아 있다. 육아의 최종 목표인 아이의 독립을 위해 우리는 무던히도 애쓴다. 그 과정에서 엄마들은 자주 난관에 부딪히고, 길을 잃는다. 그리고 내가 어디쯤 와 있는지 알 수조차 없다. 종종 아이를 키우는 것도, 나를 키우는 것도 자신이 없어지는 순간이 오지만 그때마다 다시 고개를 들고 길을 찾아 나서야 한다. 그렇게 뚜벅뚜벅 한발씩 옮기다 보면, 우리가 원하는 곳, 엄마가 빛나는 곳에 도착할 수 있을 것이다.

내 삶의 주인은 나

隨處作主 立處皆眞(수처작주 입처개진)
이르는 곳마다 주인이 되고 선 자리가 모두 진실해야 한다.

임제 의현선사의 『임제어록』에 나오는 말이다. 내가 이르는 곳, 즉 내 삶의 주인은 바로 나이다. 엄마 삶의 주인은 반드시 엄마 자신이 되어야 한다. 엄마가 주인이 된 그때가 바로 엄마가 빛나는 시간이 아닐까? 갈매기 조나단이 다른 갈매기들의 삶의 방식을 택하지 않고 자신만의 가치를 위해 목숨 걸고 비행했던 것처럼 말이다.

엄마라는 역할은 고독하다. 아주 많은 힘을 필요로 한다. 그리고 이 글은 아주 조용히, 치열하게 살아가는 엄마들을 위한 글이다. 남들이 가는 길을 따라가기보다 '나'만의 삶을 살고자 하는, 그리고 간절히 날고 싶은 열망을 응원하는 글이다.

누군가는 엄마가 하는 일을 가볍게 여길지라도, 눈여겨보지 않고 쉬이 넘겨버릴지도 모른다. 하지만 내가 선택하고 사랑하는 나의 삶은 엄마인 나를 빛나게 해 줄 것이다. 그리고 '엄마'라는 경험은 나를 빛나게 하는 데 강력한 부스터가 되어 줄 것이다.

아이를 키우는 동안 어차피 시간은 계속 흐른다. 그리고 모든 엄마에게는 같은 시간이 주어진다. 엄마로 살아가는 지금, 무언가를 결심하고, 그 결심을 키워나가야 한다. 아이의 시간 말고 나의 시간도 설계하고 열심히 가꾸어 나가야 한다. 그리하면 육아를 하는 이 시간과 나의 삶이 모두 나의 손을 잡아 줄 것이다.

엄마로, 나 자신으로 치열하게 비행하라. 그러면 자유로워질 것이다. 그리고 엄마인 내가 빛나는 순간은 기어이 찾아오고야 만다.

너라는
오리지널을 위해

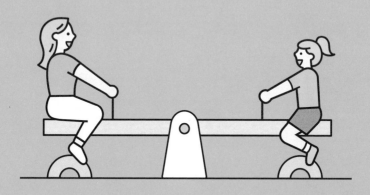

내 아이만의 리듬을 따라가라

"사람이 잠이 정말 중요하다는 걸 아기를 낳고 나서 육아하면서 새삼 느끼네요. 진짜 푹 통잠 자고 싶어요. 언제쯤 나는 푹 잘 수 있는 건가. 누구보다도 잠자는 거 제일 좋아하는 사람이었는데…"

안무가 출신의 여자 연예인이 출산 후 수면 부족에 대한 고충을 토로하며 한 말이다. 자고로 연예인 걱정은 하는 게 아니라고 했지만 생기 넘치던 연예인들이 엄마가 되어 육아의 고충을 SNS에 올리면, 그저 동지애가 느껴진다.

신생아를 키우는 부모들에게 가장 큰 이슈는 아마도 아기의 '통잠'이 아닐까 한다. 한밤중에 서너 시간마다 한 번씩 깨는 아기를 돌보느라 시달리게 되는 수면 부족은 정말 힘든 일일 것이다. 그래서 아기의 통잠을 성공시키기 위한 다양한 수면교육 방법들이 소개되곤 한다. 쉬닥법(잘 준비를 한 뒤, 토닥여주며 쉬-쉬-소리를 내거나 백색소음을 들려주는 수면 방법), **안눕법**(안아서 토닥여 주며 잠들기 직전에 침대에 눕혀 재우는 수면 방법), **퍼버법**(아이가 혼자 누워 스스로 자게 하는 방법) 등은 한 번쯤 들어봤고, 한 번쯤 시도해 봤을 것이다.

하지만 체계적으로 정리된 이 방법들이 모든 아이에게서 효과를 보이지는 않는다. 아이는 왜 안 자는지 말해 주지 않는다. 어떤 아이는 뱃구레가 작아 한꺼번에 많이 먹지 못해 배가 고파 못 잔다. 또 어떤 아이는 잠자는 데 특정한 감각이 필요하기도 하다. 이 넓은 우주에서 단 하나뿐인 아이에게 단 몇 문장으로 정리된 수면교육 방법이 무조건 통할 리가 없다.

아이를 키우는 엄마들에게 물어보았다. 아이가 신생아일 때 알려진 수면교육 방법을 사용해서 아이가 쉽게 잠들었는지. 알려진 수면교육 방법들을 그대로 사용해서 바로 통잠을 성공시킨 경험을 가진 엄마들은 드물었다. 소개된 방법들의 스케줄을 변형하거나, 업거나 안아 재웠거나, 가슴에 올려둔 채로 잠을 재웠다는 엄마들이 상당히 많았다. 당연한 일이다. 아이들은 각자의 생김새와 리듬이 있기 때문이다. 그 리듬을 찾아내는 것이 수면교육의 성패를 좌우한다. 그리고 아이의 리듬을 찾아내 그것을 따라가는 것이 육아를 완성하는 것이라 해도 과언이 아니다.

아이의 리듬을 발견할 수 있는 생애 첫 시간

보건복지부에서 발표한 「2018 산후조리 실태조사」의 결과에 따르면 75.1%가 산후조리원을 이용한다고 한다. 엄마들이 산후조리원을 선택하는 가장 큰 이유는 '육아에 시달리지 않고 편하게 산후조리를 할 수 있어서'(36.5%)이다. 그래서인지 1.3%의 엄마들만이 24시간 모자동실을 하고 있고, 아기와 함께 지내는 평균 시간은 4.3시간에 불과했다. 모자동실이 불필요하다고 생각하는 엄마도 47.6%나 되었다. 아이가 세상에 태어나 엄마와 호흡을 맞추기 시작한 그때 엄마와 아이가 함께 있지 않은 것이 현실이다.

이 세상에 처음 온 아이를 다른 사람의 손에 맡기는 것이 온당한가? 아이의 숨소리를 듣고 리듬을 느끼는 것은 너무도 중요한 순간이다. 엄마와 아이가 서로의 리듬을 맞춰나가는 중요한 시기이기 때문이고, 이 시간이 모유 수유의 성패와 깊은 연관이 있다고 말하는 전문가들도 많다. 산후조리원을 이용하는 것이 문제가 있다는 게 아니라 산후조리원에서 아기를 신생아실에 맡기는 것은 신중하게 고려해야 한다는 말이다.

엄마들은 인류가 출산 후에 아기를 어떻게 돌보아 왔는지를 생각해 볼 필요가 있다. 전 세계 모든 나라의 엄마들이 아기와 24시간 함께 지내면서 젖을 먹이고 있다. WHO(세계보건기구)는 분만 후 1시간 이내에 엄마와 피부접촉을 하고 모유수유를 시작하고 또 모자동실을 하도록 권고하고 있다.

하지만 우리나라에서는 대다수의 아기들이 태어나자마자 낯선 사람들 품에 안겨서 하루를 보내야 한다. 소중한 아기를 태어나자마자 단체생활을 시키고, 다른 사람의 손에 맡겨야 할 이유는 무엇일까? 마사지나 산모를 위한 프로그램 등을 위해 아이를 온종일 신생아실에 맡기는 것이 어떤 의미일까 생각해 보자.

내 아이는 내가 키워야 하고, 언제나 내 아이의 입장에서 생각해야 한다. 생애 초기에는 아기가 보내는 신호를 하나라도 놓치지 않고 알아차려서 아기와 소통하는 것이 가장 중요하다. 그 시간은 엄마와 아기가 서로의 리듬을 맞출 수 있는, 다시 오지 않을 시간이다. 아기와 24시간 함께 있는 것이 유별난 것이 아니라 당연한 일이 되어야 하지 않을까.

사랑하는 너를 자세히 보면

"이렇게 해보면 내가 어떤 습관이 있는지 보일 거예요."

아이를 키우는 동안 그림을 배운 적이 있다. 그림 선생님은 그동안 그려왔던 고질적인 습관을 바로 잡는 데 도움이 될 거라며 '컨투어 드로잉Contour Drawing'을 알려주셨다. 컨투어contour는 프랑스어로 사물의 윤곽선outline을 뜻하고, '컨투어 드로잉'은 사물의 형태를 라인으로 따라가며 표현하는 드로잉을 말한다. 그림의 시작부터 끝까지를 단 하나의 선으로 표현하는 '원 라인 드로잉'으로 소 사물의 형태를 있는 그대로 따라가며 그리는 것으로 불필요한 라인을 쓰는 것을 그만두게 만든다.

아이의 모습과 움직임을 있는 그대로 따라 그려보기로 했다. 아이의 손가락 움직임, 얼굴 근육 하나하나의 미세한 움직임까지 보게 되었다. 이제껏 보아 오던 아이를 둘러싼 배경 말고, 오직 아이만을 볼 수 있었다. 내 아이는 어떤 동작을 주로 하는지, 발 모양을 어떻게 하고 걷는지, 아이가 웃을 때 손 모양은 어찌하고 있는지 등등. 한 번도 주의를 기울이지 않았던 아이의 모습에 초점을 맞추게 되었다. 그 경험은 아이를 이해하는 좋은 계기가 되었다.

자세히 보아야
예쁘다

오래 보아야
사랑스럽다

너도 그렇다.

나태주 시인의 〈풀꽃〉이다. 유치원에서, 학교에서 돌아온 아이를 자세히 들여다보자. 오랫동안 가만히 지켜보도록 해보자. 아이를 관찰하고, 또 관찰해 보길 바란다. 아무도 보지 못 하는 내 아이의 예쁜 모습과 그 모습을 통해 흘러나오는 사랑스러운 리듬을 볼 수 있는 사람, 바로 엄마이다.

그것은 너만의 고유함

『나는 강물처럼 말해요』는 캐나다를 대표하는 시인 조던 스콧 Jordan Scott의 자전적인 이야기를 그린 그림책이다. 그림책의 프롤로그에서 작가는 이런 이야기를 한다.

"말을 더듬는 건 두려움이 따르는 일이지만 아름다운 일이에요. 물론 나도 가끔은 아무 걱정 없이 말하고 싶어요. 우아하게, 세련되게, 당신이 유창하다고 느끼는 그런 방식이요. 그러나 그건 내가 아니에요. 나는 강물처럼 말하는 사람이에요."

조던 스콧은 말더듬을 시적으로 탐구하는 시인이다. 말더듬을 시적으로 탐구하다니⋯ 남다르다. 시인은 주변의 편견에 짓눌리지 않고 자신의 문제를 수용하고 탐구한다. 어떻게 이것이 가능했을까? 조던 스콧이 이렇게 성장할 수 있었던 것은 아버지의 한마디 덕분이었다.

'너도 저 강물처럼 말한단다.'

말을 더듬는 아이는 학교에서 할 말이 없기를 바라고, 말을 해야 할 상황이 되면 입이 꼼짝도 안 한다. 두려움과 수치심으로 가득 찬 아들을 데려가기 위해 학교에 온 아빠는 아들의 마음을 알아차린다. 그리고 아들을 강가로 데리고 간다. 아빠는 물거품이 일고, 소용돌이치고, 굽이치다가, 부딪치는 강물을 보며 두 눈에 눈물이 그렁그렁 맺힌 아이를 가만히 끌어안는다.

"강물이 어떻게 흘러가는지 보이지? 너도 저 강물처럼 말한단다."

아이는 비로소 깨닫는다. 자신 안에서 흐르던 빠르고도 잔잔한, 거칠고도 부드러운 강물의 깊이를. 부족한 것도, 열등한 것도 아닌 그만의 고유한 일렁임을 발견한 것이다. 아이는 이 말을 계속 떠올린다. 울고 싶을 때마다, 말하기 싫을 때마다.

조던 스콧의 아버지는 아들이 가진 유창성의 문제에 대해 정확한 이해와 동시에 긍정적인 반응을 해 주었다. 아버지는 아들의 문제를 내 아들만의 더없는 매력으로 표현해 주었다. 아버지는 아들이 다른 이들처럼 말하지는 않지만 그만의 독특한 리듬이 있다는 것을 알려 주었다. 강물과도 같은 아들의 말. 아버지는 아들을 늘 곁에서 지켜보고, 아들의 말에서 나오는 아름다운 리듬을 포착했다. 그 덕분에 아들을 훌륭한 작가로 성장시킬 수 있었다.

조던 스콧의 아버지처럼 내 아이의 고유함을 포착하자. 그리고 그것을 무한 긍정을 해 주자.

아이를 키우는 방법에 관한 수많은 이야기들이 넘쳐나는 시대. 평범하고 보편적인 방법도 좋다.

하지만 그것이 세상에 단 하나뿐인 내 아이에게 맞는 방법인지는 차분히 고민해 볼 일이다. 내 아이에게는 내 아이만을 위한 단 하나의 육아법이 필요하다. 모든 아이는 특별하기 때문이다.

특별한 내 아이만의 리듬을, 그 고유함을 따라가 보자. 내 아이의 심장은 자신만의 리듬으로 뛰고 있다.

내 아이에게 지금 필요한 것

『행복한 엄마 새』는 단 열 개의 짧은 문장과 그림으로 엄마 새가 아기 새를 낳아 기르고, 떠나보내는 과정을 담은 그림책이다.

'꿈꾸어요. 바라고, 또 바라요. 우아! 보살펴요. 다독여요. 아껴주어요. 나무라요. 즐겨요. 귀 기울여요. 용기를 주어요.'

엄마 새가 소망하고 고대하던 순간이 왔다. 바로 아기 새가 알을 깨고 태어나는 순간이다. 세상에 태어난 아기 새를 엄마 새는 정성을 다해 돌본다. 아기 새들이 배고플 때 보살펴 주고, 슬플 때는 다독여 준다. 아기 새들은 엄마 새에게 너무나도 소중하지만 때로는 혼을 내기도 해야 한다. 아기 새에게 귀를 기울이고, 용기를 주며, 엄마 새와 아기 새는 소중한 시간을 보낸다. 그리고 어느 순간, 아기 새는 힘찬 날갯짓을 하며 세상 속으로 날아간다.

"떠나보내요."

『행복한 엄마 새』는 엄마 새가 아기 새를 낳아 함께 하는 빛나는 순간들을 보여주고 있다. 엄마 새가 아기 새를 혼신을 다해 길러낸 이유는 바로 '떠나보내기' 위해서이다. "떠나보내요." 라는 다섯 글자에 그간의 엄마 새가 아기 새를 키워낸 시간과 복합적인 감정이 고스란히 담겨 있는 것 같다.

엄마들이 아이를 정성을 다해 길러내는 이유는 바로 아이가 부모로부터 독립해 잘 살아가도록 하기 위함이다. 즉 육아의 궁극적인 목표는 내 아이의 독립이다.

엄마가 아이를 키울 때 언제나 잊지 말아야 할 것은 육아의 최종 목적지라고 할 수 있는 아이의 독립을 위한 것이 아니라면, 그것은 엄마의 욕심이거나 육아의 군더더기이다.

엄마는 아이가 둥지를 떠나 힘찬 날갯짓을 하며 세상 속으로 날아갈 수 있도록 도와주어야 한다. 그렇다면 10년 뒤, 20년 뒤에 세상으로 나아갈 내 아이에게 지금 필요한 것은 무엇일까?

육아의 최종 목적지는 '독립'

한 온라인 포털 사이트의 '교육' 카테고리에는 상위에 랭크되어 있는 두 커뮤니티가 있다. 하나는 소위 학업성적 상위 1%를 지향하는 부모들이 정보를 얻기 위해 활동하는 모임이다. 또 다른 하나는 발달장애나 ADHD와 같은 특별한 도움이 필요한 아이들의 부모들이 정보를 공유하는 모임이다. 두 카페의 게시글은 대략 이런 내용들이다.

- ○○동 논술학원 추천해 주세요. ○○경시대회 수상권 안에 드는 팁 있나요? 코딩 지금부터 배우는 게 좋을까요? 수학 심화 어디까지 해야 할까요? 영어와 독서는 시간과 돈에 비례하나요?

- 사회성숙도는 어떻게 올려야 하나요? 언어치료센터 선택 팁 알려 주세요. ○○교구가 상호작용 놀이에도 도움이 될까요? 언어, 인지 수업은 계속해야 할까요? ADHD 딸에게 어떻게 친구를 만들어 줄 수 있을까요?

두 카페의 부모들이 지향하는 목표는 모두 아이의 성공적인 독립이다. 육체적 독립, 정서적 독립, 경제적 독립.

게시글들에는 아이들의 독립을 위한 필요를 살피는 부모들의 예민함이 묻어난다. 조회수가 많은 여러 게시글을 보면 아이의 교육과 관련한 노력이 혀를 내두를 수준이다. 교육 전문가를 능가하는 정도이다.

많은 엄마가 아이의 발달이나 학업의 수준과 관계없이 아이의 모든 것을 계획하고 이끌려고 한다. 능력을 발휘하고, 경제적으로 풍요를 누리며, 누구와도 잘 소통하는 인성을 가진 아이로 키우고 싶어 한다. 엄마는 자신의 아이가 '엄마 친구 아들', '엄마 친구 딸'의 모습으로 독립하기를 간절히 원한다. 이 모든 것을 누구나 성공적으로 완수한다면 얼마나 좋겠는가? 하지만 우리가 살면서 모든 것이 계획대로 되었는지 생각해 보자. 더구나 아이의 삶이다. 아이는 자신만의 고유한 특성에 따르며 커나갈 텐데, 엄마는 그 중요한 사실을 종종 잊어버린다.

아이는 엄마가 만들어 주는 대로 크는 게 아니다. 스스로 자란다. 나무와도 같다. 나무가 물과 햇빛이 있으면 자라는 것처럼 아이도 그렇다. 과도한 거름을 주면 오히려 나무에 해로운 것처럼 아이도 그렇다. 자꾸 손 대고, 가지를 치고, 과하게 거름을 주면 잘 자랄 수가 없다. 그렇게 하면 엄마가 만든 모양의 정원수가 될지는 모르지만 자기가 원래 가지고 태어난 모양의 아름드리나무로 자라기는 어려울 것이다.

아이를 키우지 말고 있는 그대로 지켜보자. 육아의 목표는 '엄마 친구의 아들', '엄마 친구 딸'이 아니라 아이의 독립이라는 걸 한 번 떠올리도록 하자. 엄마에게는 용기와 절제가 필요하다.

엄마는 언제나 너의 선택을 지지한단다

"인간 할래? 늑대 할래?"

호소다 마모루 감독의 〈늑대 아이〉는 아이의 선택과 그것을 지켜보는 엄마를 그린 애니메이션이다.

여대생인 '하나'는 늑대 인간과 사랑에 빠져 두 아이, 유키와 아메를 낳는다. 아메를 낳자마자 사냥을 떠난 남편은 익사사고로 목숨을 잃고, 슬픔에 잠겼던 하나는 아이들을 보며 다시 기운을 차리고 아이들을 잘 키우자고 다짐한다.

하지만 혼자서 늑대 아이들을 키우는 것은 쉽지 않았다. 아이들은 커가면서 늑대의 모습으로 자주 변하고, 늑대 울음소리를 낸다. 그로 인해 집주인과 이웃들의 눈치를 봐야 했고, 아이가 아플 때는 소아과에 가야 할지 동물병원에 가야 할지 고민하다 집으로 돌아오는 일도 많았다.

하나는 아이들이 자라자, 조금 더 나은 환경에서 키우기 위해 한적한 시골로 가게 된다. 그리고 힘들지만, 여러 상황을 잘 헤쳐 나가며 살아간다.

하지만 이따금 아이들이 보이는 늑대의 본성 때문에 시련을 겪게 되는데, 그럼에도 하나는 아이들이 자신만의 고유한 본성을 잃지 않고, 자신만의 삶을 선택하기를 바란다. 그리곤 아이들에게 인간으로 살 것인지, 늑대로 살 것인지를 묻는다. 결국 유키는 인간으로의 삶을 택하고, 아메는 늑대로 살아가기 위해 숲을 선택하게 되는데, 하나는 아이의 선택을 진심으로 지지한다. 그리고 산에서 가끔 들려오는 늑대의 하울링을 들으며, 아이의 안부를 마음으로 묻는다.

힘겨운 상황에서도 엄마인 하나가 지켜내려고 했던 것은 아이들의 선택이었다. 아이들이 자신이 선택한 삶에 대해 마음껏 상상해 보고, 탐색하도록 도왔다. 그리고 스스로의 삶을 선택했을 때, 그것을 단단하게 지켜낼 수 있도록 지지해 주었다.

언젠가 네가 둥지를 떠날 그날엔

웃으며 보내주리라 다짐하지만

그래도 조금은 쓸쓸하겠지
부디 굳세게 살아가렴

〈늑대 아이〉의 엔딩곡인 〈어머니의 노래〉이다. 아이의 선택을
온전히 아이의 몫으로 남겨 주겠다는 엄마의 다짐이 느껴진다. 아
이의 세상에서 살아갈, 아이의 선택을 늘 지지해 주자. 아이는 엄
마의 세상이 아니라 아이의 세상에서 살아간다.

명궁은 바람을 탓하지 않고
최종 과녁에 선 눈으로 쏘듯
최종 목적지에서 생각하라
최종 결과물에서 시작하라
최종 수취인에서 바라보라

박노해의 시 〈일을 잘하는 법〉을 보면서 육아는 엄마에게 맡겨
진 가장 중요한 일임을 다시 새겨 보자.

그렇다면 어떻게 아이를 잘 키워낼 수 있을까? 육아의 최종 과
녁, 최종 목적지, 최종 결과물은 성인이 된 아이의 빛나는 독립이
다. 최종 수취인은 다 자라 세상에서 살아가는 미래의 아이일 것
이다. 그곳에서 바라보자. 지금의 내 아이에게 필요한 것은 무엇
인지 지켜보자. 그리고 있는 그대로의 아이를 지지해 주자. 그것
이 사랑이다.

"어떤 스타일로 해 드릴까요?"

"〈아멜리에〉에 나오는 오드리 토투요. 오드리 토투처럼 해 주세요."

영화 〈아멜리에〉의 오드리 토투가 너무 예뻐 보여 동경하던 시절이었다. 패기 넘치게도 미용실에 가서 같은 헤어스타일을 요구했다. 결과는 참담했다. 나는 얼굴도 큰 편이고, 눈도 크지 않다. 열 번을 다시 태어나도 한국인일 것만 같은 나의 얼굴에 너무도 어울리지 않는 스타일이었다. 한국전쟁을 배경으로 하는 흑백사진에 나올 것만 같은 어색한 단발머리를 얻고 나서야 생각했다. 나에게 어울리는 헤어스타일을 찾으려면 유행이 아니라 '나'에 대해서 잘 알아야 한다는 것을. 예뻐 보이는 누군가를 따라 하는 것으로 나를 예쁘게 만들 수는 없다는 걸 깨닫게 되었다.

같은 실수는 반복하면 안 되는데, 아이를 키우면서 저질렀던 몇 번의 실수가 떠오른다. SNS에서 보고 너무 예뻐서 구입한 원목 미끄럼틀은 우리 아이가 타기에 시시했고, 동네 엄마들과 함께 '공구'했던 효과 좋다는 영양제는 아이에게 맞지 않아 몇 알 먹이지도 못 했으며, 영재들이 푼다는 유명한 수학 문제집은 아이의 학습 스타일과 맞지 않아 몇 장 나가지도 못 하고 중단했다.

미끄럼틀, 영양제, 수학 문제집은 오드리 토투의 매력적인 단발머리였다. 엄마들 사이에서 유행처럼 만연해 있는 흐름이었지만 내 아이에게는 어울리지 않는.

육아산업은 엄마의 불안을 먹고 산다

어린 아기에게 필요한 육아용품을 검색하다 보면 '국민템'이라는 말이 자주 등장한다. '국민 젖병', '국민 치발기', '국민 모빌'…. 국민이라는 말은 왜 이리 많이도 붙어 있는지, 이 물건을 안 쓰고 아이를 키우면 이 나라 국민이 아닌 것만 같다.

그뿐만이 아니다. 육아용품, 먹거리, 학원 등 많은 엄마들이 유행에서 뒤처지면 큰일이라도 날 것처럼 안달복달을 한다. 같은 문화센터에 다니는 ○○엄마가 쓰는 육아용품은 나도 사고 싶고, 여배우 이○○가 사용한다며 SNS에 보여주는 유모차도 꼭 가져야할 것 같다. 아이가 다니는 어린이집 친구들이 많이 다닌다는 영어유치원은 또 어떤가. 내 아이도 보내지 않으면 시작부터 뒤처질 것만 같다.

엄마들은 이런 상황들과 마주할 때마다 머리도 마음도 복잡해진다. 수십, 수백만 원을 지불해야 하는 물건과 프로그램들 앞에서 '과연 이게 맞나?' 하는 생각을 한 번쯤은 해보았을 것이다. 아이를 특별하게 키우고 싶은 마음과 이번 달 카드 명세서가 치열하게 투쟁했던 경험 말이다.

이 시대의 육아는 철저히 산업에 포섭되어 있다. 많은 육아 전문가들이 아이들에게 인지능력, 사회 정서적 능력을 길러주어야 한다고 조언하면서 이를 위해 다양한 놀잇감과 놀이법을 제안한다.

하지만 아이들에게 왜 이런 놀잇감이 필요한지, 실제로 어떤 효과를 주고 있는지에 대한 근거는 없다. 물론 관련된 몇 가지 연구들이 있지만 실제로 아이들에게 얼마나 적용될지는 의문인 경우가 많다.

엄마의 불안을 이용한 마케팅은 육아효과에 대한 막연한 기대감을 심어준다. 하지만 정작 아이들은 많은 놀잇감과 프로그램을 줄인 '여백' 있는 장면에서 스스로 더 많이 성장한다는 걸 엄마들은 모르고 있다.

어떻게 불안을 접고 중심을 잡을 것인가

엄마는 넘쳐나는 육아정보의 홍수 속에서 살아남아야 한다. 그리고 엄마의 타고난 직감을 발휘할 수 있어야 한다.

하지만 어떻게 중심을 잡아야 할지 사실 막막하다. 어떻게 해야 할까? 나는 니체의 철학에서 힌트를 발견했다.

독일의 철학자 니체는 『차라투스트라는 이렇게 말했다』에서 초인 사상을 설파했다. 서른 살에 산으로 들어가서 10년간 절대적 고독 속에서 진리를 깨우친 차라투스트라는 산에서 내려와 시장으로 내려간다. 시장은 물건을 사고팔거나 서로를 속이는 장소이다. 차라투스트라는 이해관계가 난무하는 시장에서 이렇게 말한다.

"내가 너희에게 새로운 인간 유형을 보여주겠다. 그것은 다름 아닌 초인이다. 그런데 지금 살고 있는 모습은 최후의 인간과 같다."

대중 속에서 개개인의 모습을 구별하기는 어렵다. 군중 속에서는 개성이 없어져 버리기 때문이다. 이런 관점에서 니체의 '최후의 인간'은 '개성이 없는 인간'을 말하는 것으로, '최후의 인간'은 군중심리에 빠져 이리저리 휩쓸려 다닌다.

아이들을 잘 키우려고 하다 보면, 이것저것 해 주고 싶은 것들이 많다. 그러다 보면 엄마들은 여러 통로를 통해 많은 정보를 접하게 되고, 너무 많은 것들에 귀를 기울이게 되고 현혹되기도 한다. 그리고 처음 아이를 키우기 시작하며 가졌던 소신은 희미해지기도 한다. 그렇게 니체가 말하는 '최후의 인간', '최후의 엄마'가 되어가기 쉽다.

니체는 '최후의 인간'에 대항하는 인간 유형으로 '초인'을 제시한다. 초인은 독일어로 '위버멘쉬Übermensch'라고 하는데, '위버über'는 무엇을 넘어선다는 뜻이고, '멘쉬Mensh'는 인간이라는 뜻이다. 이제 엄마들은 니체가 말한 '최후의 인간'을 넘어 '초인'으로 진화해야 한다. 니체는 스스로의 정신을 단련해 인간의 한계를 뛰어넘은 자를 초인으로 정의했다.

진정 아이들을 잘 키워내고 싶다면 아이들과 관련된 트렌드, 유행에 휩쓸려 이리저리 흔들려서는 안 된다. '과연 내 아이에게 필요한 것이 무엇인가?', '내 아이에게 꼭 맞는 것은 무엇인가?', '어떤 것이 아이를 제대로 성장시킬 수 있을까?'를 생각하고 찾아내야 한다. 그것이 초인의 모습을 한 엄마이다.

"나는 이제 너희에게 정신의 세 단계 변화에 관해 이야기하련다. 정신이 어떻게 낙타가 되고, 낙타가 사자가 되며, 마침내 어린아이가 되는가를."

니체는 『차라투스트라는 이렇게 말했다』에서 어떤 존재가 초인에 도달하는 과정을 '낙타-사자-어린아이' 세 단계로 나누어 묘사했다.

첫번 째 단계의 인간 종류인 '낙타'는 기존의 것을 수용하는 인간을 의미한다.

두번 째의 인간 종류 '사자'는 자유의 상징이다. 무조건적인 복종에서 벗어나 나 자신을 되찾아 나를 표현하는 단계이다.

마지막 세 번째 인간은 '어린아이'다. 어린아이는 있는 그대로의 정신, 순수한 긍정을 의미한다. 니체가 말하는 가장 위대한 정신, 즉 초인의 모습이다.

니체가 말한 세 단계의 변신을 통해 엄마인 나는 과연 어느 단계에 있는지 생각해 보자.

첫 번째로 낙타의 단계이다.

낙타는 작열하는 사막에서 끝이 보이지 않는 길을 걷는다. 무거운 짐을 가득 짊어지고 말이다. 그럼에도 낙타는 불평하지 않는다. 묵묵히 걸을 뿐이다. 자신의 의지와는 관계없이 강요되는 짐을 지고서 말이다.

낙타는 '짐을 지는 정신'을 상징한다. 이렇게 아무 생각 없이 시키는 대로 짐만 지고 걸어갈 뿐이라면 다음 단계로 발전할 가능성은 없다. 어떻게 해야 하는가? 내게 주어진 길이 무엇인지 확인하고 질문을 던져야 한다.

그 다음의 모습은 사자이다.

니체는 이렇게 웅변했다.

"형제들이여, 자유를 얻어내고, 의무에 대해서조차도 신성하게 '아니오.' 라고 말할 수 있기 위해서는 사자가 되어야 한다."

사자는 눈치를 보지 않고 포효한다. 사자는 자유정신을 상징한다. 이 자유정신은 대중적인 가치, 기존의 관습, 일반적인 규범 관계를 의심하고 뒤집는 힘이다.

많은 이들이 당연하게 받아들이고 소비하는 것들을 당연하게 받아들이지 않는다. 그렇다면 엄마인 나는 어떤가? 단지 유행이라는 이유로, 권위 있는 전문가의 말이라는 이유로 당연하게 받아들이고 순종하고 있는 것은 아닐까? 엄마로서의 나는 낙타의 단계에 있을까? 사자의 단계에 있을까?

낙타는 주인을 따르지만 사자는 자기 자신을 따른다. 남의 말을 듣고 따라가는 것이 아니다. 내가 판단하는 것이다.

니체는 낙타와 사자를 거친 후에야 비로소 참된 자유를 달성한 '어린아이'가 될 수 있음을 이야기한다. 어린아이는 편견도 선입견도 없다. 무엇이든 '있는 그대로 받아들인다.' 이것은 진정한 자유이다. 엄마가 어린아이와 같은 진정한 자유를 찾게 되었을 때 내 아이를 있는 그대로 바라볼 수 있고, 육아의 주도권과 정체성을 선명하게 만들 수 있게 된다.

엄마로서 내면의 지혜를 믿어라

육아시장에서 마케팅하는 판타지에서 벗어나 아이가 보여주는 현실을 직시하면서 엄마로서의 직감을 발휘할 때야 비로소 내 아이에게 꼭 맞는 선택지를 찾을 수 있다. 쏟아지는 육아 콘텐츠 중에서 엄마가 찾아야 할 것은 최상의 방법이 아니라 내 아이에게 맞는 방법이다. 그것을 찾아내는 것은 유행을 따라 좌고우면하는 것이 아니라 엄마의 직감이다. 아이의 필요에 응답하고, 엄마가 선택하는 것. 누가 뭐라고 하든, 오직 내 아이를 중심에 놓고 맞는 것을 찾아서 실행해야 한다. 육아 시장에서 엄마들의 불안감을 부추겨 이익을 취하려는 마케팅을 따르지 않는다고 해서 결코 아이가 뒤처지지 않는다는 확신을 잃지 말자.

당장 SNS에 가 있는 눈을 아이에게로 돌리기를 바란다. 그리고 수만 년을 이어 나에게 내려온 직감과 지혜를 믿어라. 트렌드

보다 엄마의 지혜가 더 강하다. 사지 않으면 큰일이라도 날 것처럼, 안 시키면 나쁜 엄마라도 되는 것처럼, 나만 안 하는 것처럼, 그렇게 아이를 키우면 특별한 아이가 될 것처럼 말하는 정보들에 대해서는 한 번 더 돌아보자. 안 사고, 안 시키고, 안 해도 큰일은 나지 않는다. 중요한 것은 내 아이를 키우는 당사자인 엄마로서의 직감을 날카롭게 만드는 것이다. 그리고 그것을 소신 있게 지켜내는 것이다.

지혜로운 사람은 미혹되지 않는다.
인한 사람은 근심하지 않는다.
용기 있는 사람은 두려워하지 않는다.

『논어』의 「자한」편에 나오는 말이다. 엄마에게는 내 아이를 깊게 이해하고, 필요한 것을 꿰뚫어 보는 지혜가 필요하다. 또 고유의 색과 리듬으로 성장하는 아이를 지켜볼 여유, 인이 필요하다. 그리고 무엇보다도 중요한 것은 유행의 홍수에 휩쓸려 흔들리지 않을 수 있는 용기이다. 지혜와 인과 용기를 장착한 당신은 바로 이 시대의 가장 트렌디한 엄마가 될 것이다. 내 아이에게는 트렌드가 아니라 엄마의 직감이 더 중요하다.

'스마트'가 없는 스마트한 풍경

"우리가 낳았지만 유튜브가 키웠다."

연예인의 자녀교육 방식을 코칭하는 예능 프로그램에서 배우 김정태가 농담처럼 던진 말이다. 배우 김정태는 농담처럼 이 말을 던졌지만 시청하고 있던 많은 부모들에겐 이 말이 가슴으로 날아들었을 것이다.

'아, 이래도 될까?' 하는 마음으로 부모들은 아이들에게 스마트폰과 태블릿을 열어 줄 것이다. 그것은 산적한 집안일 때문이기도 하고, 아이의 학습을 위한 것이기도 하고, 밥이라도 마음 편하게 먹고 싶은 마음 때문이기도 하다. 한시도 가만히 있지 않는 아이를 앉혀두기엔 이 만한 방법이 없기 때문이다.

걱정스러운 마음과 함께 드는 생각이 또 하나 있다. '나중에 우리 아이가 스티브 잡스나 빌 게이츠처럼 될 수도 있지 않을까?' 하고 말이다.

그렇다면 스티브 잡스나 빌 게이츠는 어떻게 아이들에게 스마트 기기를 사용하게 했을까? 한 인터뷰에서 기자가 스티브 잡스에게 물었다.

"당신의 아이들이 아이패드를 좋아하나요?"

"글쎄요. 모르겠습니다. 왜냐하면 아이들이 그걸 사용해본 적이 없거든요."

스티브 잡스는 스마트폰과 같은 디지털기기를 만들어 전 세계를 사로잡았다. 하지만 정작 자신의 아이들에게는 엄격하게 제한했다. 대단한 물건을 만들어낸 아버지라면 자랑스럽게 자신의 아이들에게 제일 먼저 사용해 보도록 권했을 것 같은데 말이다.

스티브 잡스의 전기『스티브 잡스』를 쓴 월터 아이작슨도 저서에서 비슷한 맥락의 이야기를 했다.

"잡스는 매일 저녁 부엌에 있는 긴 식탁에 아이들과 둘러앉아 저녁 식사를 하면서 책과 역사를 토론하는 등 다양한 주제를 가지고 이야기를 나눴습니다. 이 자리에서는 아무도 아이패드나 컴퓨터를 꺼내지 않았고, 잡스의 아이들은 디지털 기기에 중독되지 않았습니다."

마이크로소프트의 창업자인 빌 게이츠 역시 자신의 아이들이 14살이 될 때까지 휴대전화 사용을 금했다고 한다. 특히 식탁에서 휴대전화를 사용하거나 봐서는 안 된다는 준칙을 만들었다. 빌 게이츠는 전자기기 중독의 위험성을 알고 있었기 때문이다.

그런데 이것은 스티브 잡스나 빌 게이츠에게만 해당하는 것은 아니다. 첨단 전자기기, 애플리케이션 등을 만드는 실리콘밸리의 IT 기업가들에게는 일반적인 일이다. 그들은 스마트폰을 포함한 전자기기가 아이들에게 끼치는 부정적인 영향에 대해 잘 알고 있다. 그래서 그들은 자녀들이 스마트폰과 태블릿 등의 사용을 엄격하게 제한한다. 이는 디지털기기와 소프트웨어를 만들고 개발하는 그들조차도 전자기기 사용보다는 책이나 토론 등을 통한 대면 교류를 중요하게 생각한다는 것을 시사한다.

스마트폰을 주기 전에 아이 뇌의 안부를 먼저 살피자

"아이가 이렇게 좋아하고, 집중하는데 어떻게 못 하게 할 수 있겠어요?"라고 하는 부모들이 많다.

하지만 아이에게 스마트폰과 태블릿을 열어 주기 전에 아이 뇌의 안부를 살피는 것이 먼저이다. 정상 뇌파와 스마트폰에 중독된 아이의 뇌파를 비교해 보면 스마트폰에 중독된 아이의 뇌는 후두엽만 과도하게 활성화되어 있다고 한다. 상대적으로 측두엽과 전두엽은 활성화되지 않고 있다.

후두엽은 시각 정보를 기억하고 처리하는 기능을 담당하는 뇌 부분으로, 스마트폰은 철저하게 시각 자극으로 이루어져 있어서 스마트폰을 많이 쓸수록 뇌의 다른 부분은 사용하는 능력은 저하되면서, 후두엽의 기능만 활성화된다. 결과적으로 뇌 발달의 불균형을 초래하게 된다.

10세 이전 아이들의 뇌는 뇌신경망 생성시기이다. 사용하는 신경망을 만들어 나가는 시기로 동시에 시냅스 가지치기(Synaptic pruning)도 이루어진다.

시냅스 가지치기는 뇌 발달 과정의 하나로 발생 초기에 지나치게 만들어진 시냅스가 신경 활동으로 필요한 부분만 남기고 제거되는 현상이다. 사용하지 않는 신경망은 더 이상 사용하지 않는 것이다.

스마트 기기를 사용하면 사람과 소통하는 경험은 줄어들 수밖에 없다. 아이가 가진 다양한 지능이 발달하는 시기에 스마트 기기를 과도하게 사용하는 것은 아이의 자연스러운 발달을 막는다. 스마트 기기를 과도하게 접하는 것은 아이가 경험해야 할 관계 맺기, 규칙 지키기, 배려하기, 소통하기 등에서 치명적인 약점을 갖게 한다.

스마트하지 않은 스마트

남편은 뼛속까지 공학도인지라 전자기기와 신기술에 대한 관심이 매우 높다. 아이도 아빠를 닮아 어렸을 적부터 전자기기에 대한 관심이 남달랐다. 스마트폰과 컴퓨터, 집안에 설치된 전자제품의 여러 버튼은 아이의 마음을 사로잡았다.

그런데 문제가 있었다. 아이는 선천적으로 한쪽 눈의 시력이 매우 약했다. 스마트폰 스크린을 통해 나오는 빛과 깜빡임은 아이의 눈에 너무 해로웠다.

보통 아이는 시력이 완성되는 때가 9세 정도라고 한다. 그래서 그때까지 시기능을 끌어올리기 위해 아이에게 스마트폰과 TV를 가능한 보여주지 않으려 애썼다. 눈 건강 때문이 아니었다고 해도 나의 교육방식은 그러했을 텐데, 시력 보호를 위해서라도 되도록 스크린을 보여주지 않았다. 외식할 때도 스마트폰으로 영상을 보여주며 식사한 적은 없다. 긴 시간 동안 차를 타고 가야 할 때도 아이가 좋아할 만한 것들을 잔뜩 준비해 갔고, 그것들마저 지루해지면 노래나 이야기를 들으며 갔다. 물론 종종 아이의 저항이 있었다. 그럴 땐 아이를 대하는 나도 힘들었다.

하지만 아이에게 일관적인 태도로 부드럽게 이야기해 주는 것만으로도 충분했다. 감사하게도 아이는 스크린을 통해 접촉하는 것들 이외의 것에도 관심을 가져 주었다. 외식에도, 장거리 여행에도 아이에게는 더 이상 스마트폰이 필요하지 않았다.

아이가 시선을 멀리 둘 수 있는 넓은 공원이나 나지막한 동산을 자주 산책했다. 아이와 함께 과자나 빵을 굽고, 식물을 가꾸고, 책을 읽었다. TV나 스마트폰에서 나오는 소리가 없으면 집이 적막해질 때가 있다. 하지만 그 공간을 아이의 웃음소리와 기분 좋은 음악, 창밖의 소리들로 자연스럽게 채웠다.

그런데 아이가 가진 관심을 그냥 모른 채 둘 수만은 없었다. 그래서 아이의 관심을 아빠의 관심과 연결하려고 시도했다. 아이와 아빠는 함께 자주 무언가를 만들었다. 어느 날은 신발 상자를 이용해 사탕 자판기를 만들었다. 어떤 날에는 고장이 난 헤어드라이어를 함께 분해하기도 했다. 어느 주말에는 집안을 돌아다니는 청소 로봇을 만들기도 했다. (물론 돌아다니기만 할 뿐 청소 기능은 없었다.)

우리 집 거실에는 TV가 켜져 있지 않고 스마트폰을 보지도 않지만 스마트한 것들로 가득한 작은 연구실이 되었다. 주말이면 아이와 아빠는 거실에서 무언가를 분해하고 조립하고, 새로운 것들로 변형시킨다. 아이는 관련된 책을 찾고, 자기 생각을 칠판에 그려보고, 아이와 아빠는 원하는 것을 만들어 내기 위해 눈을 맞추며 대화하고, 또 대화한다. 아이는 아빠와 함께하는 그 '스마트한 작업'을 너무도 즐거워한다.

아이가 자라면서 점점 스마트폰으로 친구와 연락하거나 무언가를 확인해야 할 일이 조금씩 생겨난다. 나도 언제까지 스티브 잡스나 빌 게이츠처럼 스마트폰 사용시간을 제한할 수 있을지 알 수 없다. 아니 불가능할 것 같다.

하지만 내가 무엇을 해야 할지에 대해서는 분명하게 알고 있다. 그것은 아이에게 정말 '스마트'한 것이 무엇인지 알려주는 것이다. 진정 '스마트'하다는 것은 지극히 인간적인 것이다. 아이가 인간과 소통의 본질을 알아가는 것이다.

세상이 달라져도 변하지 않는 것이 있다

ICT, 메타버스, AI, 블록체인 등 최근에 우리가 접한 새로운 개념에 대해 제대로 이해하기도 전에 새로운 문명들이 빠르게 등장하고 있다. 그럼에도 분명하게 알 수 있는 건 지금까지와는 많이 다른 세상을 살게 되리라는 것이다. 앞으로는 지금까지 남아 있던 아날로그의 세상이 얼마나 유지될 수 있을지도 예측할 수 없다. 게다가 지금 사는 우리 아이들은 태어나자마자 스마트 기기를 접한 '디지털 네이티브digital native'이다. 그래서 아이들과 그 문명은 떼려야 뗄 수 없다.

하지만 아이가 살아가는 새로운 세상에서 아이는 인간적이고, 세련된 방식으로 그 새로운 문명을 활용해야 하지 않겠는가? 그러기 위해 내 아이가 아름다운 것이 무엇인지 알고, 타인과 소통하며, 문제를 해결하는 능력을 갖추도록 도와주어야 한다. 아무리 세상이 달라진다고 해도 우리는 마음속에 빛을 간직한 존재들이기 때문이다.

앙리 마티스의 〈춤〉은 1909년에 파리에서 그려진 그림이다. 그림 속에 등장하는 사람들은 벌거벗은 채로 손을 맞잡고 원을 그리며 춤을 추고 있다. 빙글빙글 돌아가는 모습이 기쁨과 행복이라는 감정을 완벽하게 공유하는 것만 같다. 사람들이 감정을 서로에게 표현하고 공유하는 것은 그림의 배경인 듯한 원시사회에도, 마티스가 살았던 1909년에도, 지금도 같다. 그래서 마티스의 〈춤〉이 사람들의 마음에 강렬한 인상과 울림을 남길 수 있는 것이다. 먼 훗날에 이 그림을 본다고 해도 사람들은 그렇게 느낄 것이다.

미래 세상에서 살아갈 아이들에게 무엇보다 필요한 것은 감정의 자연스러운 공유, 다른 사람의 감정과 공감하는 능력일 것이다. 이런 면에서 내 아이가 진정 스마트해진다는 것이 어떤 의미일지 생각해 보자.

스마트 기기를 사용하지 않아도 충분히 스마트하게 키울 수 있다. 기억하자. 진정 스마트하다는 것은 지극히 인간적인 것임을.

놀잇감이 아닌 '진짜'를 가지고 노는 아이

'진짜'가 아이에게 주는 성취감

친정엄마는 다양한 성향을 가진 4남매를 키워낸 육아 고수로서 내가 아이와 힘겨루기를 하고 있을 때, 쌍방향 해결책을 내어놓곤 하신다. 아이가 다섯 살 때 있었던 일이다.

늦가을이 되면 아이는 귤 농장에서 익은 귤들을 따며 놀곤 했다. 귤은 수확용 가위로 가지를 잘라 따야 한다. 가위는 아이가 사용하기에는 위험한 도구라서 나는 아이에게 귤을 따서 주거나 아이가 직접 귤을 따려고 하면 함께 가위를 잡고 따는 시늉을 하면서 같이 놀았다. 아이는 가위를 사용하는 게 재미있어 보였는지 혼자서 귤을 따겠다며 가위를 달라고 졸라댔다. 나는 안 된다고 하고 아이는 달라고 실랑이를 하는 동안 결국 아이가 울음을 터뜨렸다.

"준아, 할머니한테 와 볼래?"

엄마는 아이를 불러서 가위를 쥐여 주었다.

"잘 봐. 이렇게 잡고, 여기에다 힘을 주는 거야. 그런데 가위 끝이 어때? 아주 뾰족하지? 가위로 귤을 따면 예쁘게 딸 수 있지만 다칠지도 모르니까 잘 잡고 사용해야 해. 손을 다치면 준이도 아프고 할머니 마음도 아파. 할머니가 보고 있을게. 이제 천천히 해 보자."

엄마는 가위를 사용해 보고 싶어 하는 아이의 욕구와 아이가 다칠까봐 염려하는 나의 마음을 모두 달래 주었다.

아이는 신이 나서 가위로 귤을 땄다. 한참을 했지만 손끝 하나 다치지 않았다. 그날 아이는 너무나도 신이 났던지 저녁을 먹는 내내 가위에 관해 이야기를 했다. 장난감이 아닌 어른들이 쓰는 '진짜 도구' 사용이 아이에게 큰 만족감을 주었던 것이다.

몇 년 전, 프랑스식 육아가 한창 유행을 끌고 있던 시절에 보았던, 한 프랑스 도시 근교에 사는 가정을 소개했던 다큐멘터리가 떠올랐다. 그 가족은 집 옆에 있는 텃밭에서 여러 가지 채소를 키워 먹는데, 식사준비를 위한 채소를 수확하는 것은 아이들 담당이었다. 일곱 살밖에 안 된 아이가 칼을 써서 채소를 수확해 왔는데, 아이 아버지의 인터뷰가 인상적이었다. '아이용'이 아닌 '진짜' 도구를 아이에게 사용하게 하면, 아이는 더 신중해지고, 손을 더 민첩하고, 정교하게 사용하려고 노력한다는 것이었다. 그래서 위험해 보이는 진짜 도구가 일반적으로 생각하는 것만큼 위험하지 않다는 것이었다.

그 아버지의 덤덤한 표정이 떠올랐다. 장난감이 아닌 '진짜' 도구, 생각만큼 위험하지는 않다.

아이의 놀이 본성을 무엇으로 채울 것인가

네덜란드 역사가 호이징아 Johan Huizinga는 인간을 놀이를 하는 존재인 호모루덴스 Homo Ludens라고 했다. 인간의 본원적 특성은 노동이나 사유가 아닌 놀이라는 것이다.

아이들은 '놀이 본성'을 가지고 태어났다. 그 어떤 것보다 놀이를 잘하며, 어른들보다 더 신나게 논다. 일상에서 자연스럽게 마주치는 것들을 호기심 어린 눈으로 바라보고, 만지고, 탐색하며 이걸 가지고 어떻게 놀이를 할지 궁리한다. 그리고 그 대상을 가지고 자연스럽게 놀면서 세상을 경험하고 배워간다. 아이에게 놀이란 삶을 배워가고 세상과 관계를 맺어가는 연결고리라고도 할 수 있다.

그렇다면 아이가 놀 때, 무엇을 가지고 놀아야 할까? 아이가 어린이집이나 유치원에 다니기 시작하면 그곳에서 가져오는 크고 작은 장난감과 교구들로 집안이 가득 채워진다. 가까운 마트, 백화점에만 가도 전 세계 각지에서 모인 장난감들로 넘쳐난다. 온라인에서 잠깐만 검색을 해봐도 신기하고 멋진 장난감을 몇 번의 클릭만으로 손에 넣을 수 있다.

물론 아이의 성장단계에 맞는 장난감에 관한 정보도 넘쳐난다. 이 장난감을 사면 아이의 지적 발달을 도울 수 있고, 또 다른 장난감을 사면 신체협응력을 기를 수 있단다. 이 장난감을 사면 언어 발달을 자극해 말을 잘하는 아이로 키울 수 있고, 또 다른 장난감을 사면 아이의 미적 감각을 키워줄 수 있단다.

엄마의 입장에서는 장난감을 소개하는 정교한 광고와 마케팅에 마음이 흔들릴 수밖에 없다. 내 아이에게 도움이 된다면 무엇이든 주고 싶은 마음이니까 말이다.

아이에게는 그 무엇이든 장난감이 될 수 있다

그것들이 정말 내 아이의 발달을 도와줄까? 집안 곳곳에 쌓여 가는 장난감이 아이에게 정말 필요한 것들일까? 오히려 쌓여가는 장난감이 아이의 주의를 산만하게 만드는 것은 아닐까?

무엇보다 중요한 사실이 있다. 무엇이든 아이의 장난감이 될 수 있다는 것이다. 장난감이라고 생각하지 않는 것들을 가지고 놀면서 자유롭게 상상력을 펼칠 수 있는 능력을 아이들은 가지고 있다. 집안에 있는 많은 것들이 아이에게는 탐색할 만한 대단한 '장난감'인 것이다.

아이는 장난감이 아닌 '진짜'를 가지고 놀기를 열망한다. 싱크대놀이, 공구 놀이, 진공청소기 장난감 등 아이들의 장난감이 어른들의 물건을 흉내 낸 것들이 많다는 게 그 증거이다.

장난감을 가지고 놀던 아이들이 결국 더 관심을 두는 것은 실제의 물건이다. 아이는 엄마의 가방 속에 든 물건들을 궁금해 한다. 다양한 화장품들이 놓여 있는 화장대는 신나는 놀이터가 된다. 주방에 놓인 조리도구들도 아이의 관심을 끌 만하다.

하지만 우리는 아이가 위험할 수도 있다는 이유를 들어 곳곳에 울타리를 치고, 잠금장치를 설치한다. 거실 한복판에서조차 울타리를 쳐놓고 그 안에서 장난감만을 가지고 놀아야 안전하다고 말한다.

하지만 아이의 진짜 관심은 울타리 밖에 있다. 엄마가 아이의 행동과 놀이에 조금만 여유를 갖는다면, 아이에게 진짜의 물건을 탐색하고 사용해 볼 수 있는 기회를 제공할 수 있다. 그것은 단순히 물건을 탐색하는 데 그치지 않고, 아이의 주도성과 성취감을 고양시키는 데 큰 역할을 할 것이다.

"뭔가 배울 수 있는 실수들은 가능하면 일찍 저질러 보는 것이 이득이다."

영국의 정치가인 윈스턴 처칠의 통찰력이 담긴 말이다.

엄마는 아이를 키우면서 계속 지켜봐 왔다, 경험이 아이를 어떻게 키워내는지를. 아이는 실수를 통해서 가장 많은 걸 배운다. 가장 안전한 엄마의 눈앞에서 '진짜'를 먼저 경험해 보도록 하자.

"아이 방 꾸몄어. 어때? 너무 예쁘지?"

유난히 손재주가 좋고, 인테리어 감각이 있는 친구가 아이의 놀이방을 꾸몄다며 사진을 보내왔다. 아이 방에는 여러 가지 장난감과 책이 보기 좋게 정리되어 있었고, 예쁜 소품들로 꾸며져 있었다. 너무 예쁜 아이 방이라 나도 따라서 꾸며보고 싶다는 생각이

들 정도였다.

몇 개월 후에 그 친구를 만났다. 친구는 아이가 예상과는 달리 예쁘게 꾸며놓은 방에서는 도통 놀지 않는다며 푸념을 했다. 아이의 교구장과 테이블에는 먼지만 쌓여가고, 정작 아이는 예쁜 방 대신 가족들이 머무는 주방과 거실에서 노는 걸 좋아한다는 것이다.

엄마는 야심차게 아이의 방을 꾸며주지만 정작 아이는 다른 곳에서 논다는 이야기를 종종 들을 수 있을 것이다. 아이는 일부러 만들어놓은 환경에서 노는 것보다 실제 환경, 엄마가 하는 무언가를 보고 따라 하는 '진짜' 생활환경 속에서 노는 게 더 재미있기 때문이다.

아이에게 탐색을 위한 시간과 공간을 내어 줄 여유가 있나요?

아이와 함께 셋이서 가족여행 중이었다. 추운 겨울날이었는데, 아이와 함께 꽤 오래 걸었던지라 따뜻한 곳에서 몸을 조금 녹이고 싶었다. 근처에 보이는 카페로 향했다. 문을 열려다 멈칫했다.

'No kids zone!'

추운 겨울날, 너무도 차가운 팻말 앞에서 우리는 발길을 돌려야 했다. 아이는 물었다.

"엄마, 우리 왜 안 들어가?"

나는 아이에게 거의 모든 것을 설명하는 편이다. 그런데 그 팻말이 표현하고 있는 차가운 느낌을 아이에게 어찌 설명해 주어야 할지 순간적으로 난감해졌다. 술집은 물론이고 식당, 카페, 영화관, 최근에는 펜션과 캠핑장까지 '노키즈 존' 팻말을 걸고 있는 곳이 많다.

물론 아이들이 소란스럽고 부산스럽게 하는 것은 사실이다. 하지만 그것이 아이다움이고, 모든 어른이 거쳐 온 시간이다. 그런데 그것을 지켜봐 줄 만한 여유가 어른들에게 없다는 것이 안타깝게 생각되는 날이었다.

아이가 집에서 무언가를 가지고 놀고 싶어 주방이나 창고로 향할 때도 '노키즈 존'을 붙여 놓고 있지는 않은지 생각해 보면 좋을 것 같다.

아이를 키우면서 마음 한구석에 늘 품고 있던 생각이 하나 있다. 그건 아이가 머물고 있는 세계와 아이의 의지 그리고 아이가 흥미롭게 바라보는 것들을 다정한 시선으로 바라볼 수 있는 여유를 갖고 싶다는 것이었다. 그리고 아이가 흥미를 느끼는 대상을 마음껏 탐색할 수 있도록 그 문을 열어두는 육아를 하고 싶었다.

그래서였을까? 내가 많은 시간을 머무는 주방은 아이의 손때로 가득했다. 주방에서 사용하는 계량 저울은 아이가 언제든 사용할 수 있도록 싱크대 맨 아래 서랍에 두었고, 플라스틱 칼과 도마도 아이가 언제든 꺼내 쓸 수 있는 곳에 있었다. 아이는 핸드밀로 원두를 가는 것을 재미있어 했다. 그래서 커피를 가는 것은 아이에게 자주 부탁했다. 아이가 갈아준 커피의 향은 기가 막히게 고소

했다. 기계 조작을 좋아하는 아이에게 세탁기 돌리기와 전기밥솥 사용하기는 하루에 한 번씩만 할 수 있는 최고의 놀이였다.

물론 아이가 지나간 곳은 언제나 '흔적'이 남는다. 손자국, 물 자국은 한 번 더 닦아야 하는 수고를 만든다. 하지만 그 수고가 아이를 더 키워낼 수 있다면 그것쯤은 '언제든 기꺼이' 감수할 수 있는 일이었다.

아이가 가진 의지에 대한 존중심을 갖자. 존중한다는 것은 아이를 미성숙한 존재로 보는 것이 아니라 하나의 독립된 인격체로 보는 것이다. 존중받아야 할 인간, 그 작은 인간이 하고자 하는 것을 할 수 있도록 도와주면 된다.

진짜를 갖고 노는 아이가 진짜가 된다.

PART 3

0세부터 시작하는
독서교육

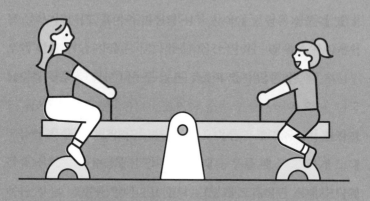

책 한 권을 펼치면 하나의 세상이 열린다

저게 저절로 붉어질 리 없다

저 안에 태풍 몇 개

저 안에 천둥 몇 개

저 안에 벼락 몇 개

저 안에 번개 몇 개가 들어서서

붉게 익히는 것일 게다

장석주 시인의 〈대추 한 알〉이라는 시이다. 책을 써 보니 그렇다. 한 글자, 한 문장마다 그냥 쓰이는 것이 없다. 아이를 키우며 쌓인 경험과 숱한 감정들, 만났던 많은 이들, 살았던 시간 동안 보아왔던 것들, 내가 추구하는 것들이 고스란히 담긴다. 독자는 작가가 만났던 태풍과 천둥, 벼락과 번개를 들여다보게 된다. 책에는 그 모든 것들이 고스란히 응축되어 있다. 어린아이가 보는 작은 그림책이라 하더라도 거기에는 작가의 생각과 마음이 담겨 있다. 작가의 세계를 독자에게 건네주는 것이다. 책을 읽으며 낯선 곳으로 여행하기도 하고, 새로운 사람을 만나기도 한다. 책을 읽으며 시간을 거슬러 가기도 하고, 눈에 보이지 않는 것들을 마음껏 들여다볼 수도 있다.

사실 볼 것과 즐길 것이 넘쳐나는 시대이다. 그런데 그런 중에 지금도 책이 꿋꿋하게 자리를 차지하고 있다는 건 놀라운 일이다. '오디오 북'이나 책 읽어주는 유튜브 채널 등이 인기를 끌고 있기도 하지만 책이 우리에게 주는 의미는 여전히 위대하다.

2020년 볼로냐 박람회에서 〈뛰어난 그림책 100선〉에 선정된 안드레스 로페스의 그림책, 『책이란』에서는 책이 가지고 있는 여러 가지 의미에 대해 간결한 문장으로 이야기한다. 그중에서도 인상적이었던 것은 여백과 함께 등장한 주인공이 말하는 짧은 한 문장이다.

"책이란 늘 나를 새로운 곳으로 데려가는 강이야."

책이라는 배 위에서 연필로 노를 저으며 강을 건너는 등장인물은 어떤 세상을 만나게 될까 궁금해지는 장면이다. 그렇다. 책은 늘 나를 새로운 곳으로 데려간다. 그리고 그곳을 마음껏 둘러보고 머물도록 허락한다.

나는 어린 시절에 루시모드 몽고메리의 『빨간 머리 앤』을 너무도 좋아했다. 우연히 책장에서 발견한 빛바랜 문고판 책이었는데,

보자마자 마음을 빼앗겨 버렸다. 그 책을 읽는 시간이 너무도 행복했다. 앤이 초록 지붕 집에 살며 바라보는 세상은 너무 매력적이었고, 내가 앤이 된 듯한 착각까지 불러일으켰다.

앤이 하는 말과 행동 중에 아주 인상적으로 다가온 것이 있었다. 앤이 온갖 식물과 동물, 사물에까지 이름을 붙이는 모습이었다. '이름을 붙여 준다는 것은 존재에 생명을 불어넣는 것'이라고 생각하는 앤의 행동에 꽤나 동의했다. 그때부터 나도 무언가에 나만의 이름을 붙이는 습관이 생겼다. 『빨간 머리 앤』은 내게 앤이 바라보는 방식으로 세상을 보도록 문을 열어 주었다. 자연이 우리에게 주는 기쁨, 선물과도 같은 시간, 슬픔을 극복하는 방식, 자신을 지켜내는 방법…. 나는 앤의 사랑스러움과 강인함에 매료되었다.

무엇보다도 『빨간 머리 앤』은 엄마나 친구가 줄 수 없는 또 다른 경험을 주었다. 어린 시절의 책 읽기에서 느낀 행복감은 엄마가 된 지금까지도 이어지고 있다. 그리고 세상에 널려 있는 그 기쁨을 나의 사랑하는 아이와도 나누고 싶다. 나의 개인적인 기억 말고도 우리가 아이에게 책을 가까이 하도록 해 주어야 할 이유는 너무도 많다.

책 읽기가 찍은 'dot'

혁신적인 제품으로 인류에게 많은 영감을 준 스티브 잡스, 그는 자기 능력의 원천을 책으로 꼽았다. 그만큼 그는 책 읽기를 사랑했다.

잡스는 한 인터뷰에서 애플이 아이패드와 같은 제품을 만들 수 있었던 것은 항상 기술과 문학, 그리고 교양의 교차점에 서기 위해 노력했기 때문이었다고 말하기도 했다.

"커넥팅 더 닷. Connecting the dots."

스티브 잡스가 스탠퍼드대학교 졸업식 연설에서 했던 이 말을 한 번쯤 들어봤을 것이다. 서로 다른 영역에서의 경험(dot)이 이어짐으로써(Connecting) 새로운 것이 탄생한다는 의미다. '커넥팅 더 닷'을 위해선 점이 먼저 있어야 한다. 각각의 점은 개인의 경험과 지식이다. 이 경험과 지식을 효율적으로 얻기 위한 방법으로 잡스는 책 읽기를 꼽았다. 다양한 영역의 경험과 지식을 이어서 새로운 관점을 가지고 문제를 해결할 수 있는 것이다. 그는 책 읽기를 통해 다양한 인문학 지식을 쌓고, 이를 기반으로 혁신의 에너지를 발산할 수 있었다.

그가 '인생의 책'으로 꼽은 것 중에는 고전문학이 많다. 그는 윌리엄 셰익스피어의 『리어왕』과 허먼 멜빌의 『모비딕』이 자신의 리더십과 경영관을 만든 바탕이 되었다고 말했다. 『리어왕』은 나이 든 군주가 권력투쟁으로 인해 몰락해 가는 이야기를 담은 작품으로, 스티브 잡스는 이를 통해 경영에 대한 통찰력을 얻었다고 한다. 또 『모비딕』에서는 추진력 있는 주인공의 이야기를 통해 자연과 우주, 존재에 대한 다양한 간접 경험을 얻을 수 있었다고 한다 스티브 잡스가 책을 가까이 하지 않았다면 세상의 모습은 지금

과는 조금쯤 다른 모습이지 않았을까?

삶의 희망을 알려준 책 읽기

오프라 윈프리는 '토크쇼의 여왕'으로 불리는 미국에서 가장 영향력 있는 방송인이다. 억만장자이기도 하다. 미국 대통령 후보로도 이름이 오르내린다. 오늘날 이런 모습을 완성할 수 있었던 힘은 과연 무엇으로부터 비롯된 것일까?

그녀는 흑인이며, 사생아였다. 극빈층이었던 그녀의 어머니는 아이를 키울 수 없어서 외할머니에게 윈프리를 맡겼다. 외할머니 손에서 자란 윈프리는 처참한 어린 시절을 보냈다. 지독하게 가난한 생활은 물론이거니와 신체적, 정서적 학대를 지속적으로 받았다. 그리고 사촌오빠에게 성폭행을 당했으며, 어머니의 남자친구나 친척에게서도 성적 학대를 받으며 자랐다. 그러다 14살에 미숙아를 낳기까지 한다.

그야말로 희망이 보이지 않는 삶이었다. 절망과 포기가 그녀의 정서를 지배하고 있었다. 참담한 삶에서 그녀를 구한 것은 바로 독서였다. 친구가 없었던 그녀는 강아지에게 성경을 읽어 주며 놀았고, 이것이 그녀의 독서의 시작이며, 인생을 변화시키기 위해 내디딘 첫발이었다.

"독서가 오늘의 저를 있게 했습니다. 책을 통해 받았던 위안과 은혜를 사람들에 되돌려 주고 싶습니다. 책은, 삶에 희망이 있다는 것을 저에게 가르쳐 주었어요. 독서를 하면서, 세상에는 내 처지와 같은 사람들이 많다는 것을 알았습니다. 그리고 책은, 저에게 성공한 사람들과 그 사람들이 이룬 업적에 저도 도달할 수도 있다는 가능성을 보여 주었어요. 독서가 바로 저의 희망이었습니다."

오프라 윈프리는 책을 통해서 타인을 이해하는 길을 발견했다. 그녀는 책 안에서 자신과 같은 불행을 겪고 있는 사람들을 만나면서, 사람을 이해하는 능력을 키울 수 있었다고 한다. 그녀는 절망하며 삶을 포기하려 했지만, 처절한 괴로움과 외로움을 독서를 통해 이겨냈다. 그녀는 그렇게 독서에는 놀라운 힘이 있다는 것을 깨달았고 사람들에게 그것에 대해 이야기한다.

"저는 책을 통해 자유를 얻었습니다. 저는 책을 읽으며, 농장 너머에는 정복해야 할 큰 세상이 있다는 것을 알게 되었습니다."

책은 시간과 공간의 제약을 넘어선 경험을 준다. 그리고 그 경험들은 나만의 소양을 만든다. 소양은 세계를 보는 넓이와 깊이가 확장되는 것이고, 사람과 사물, 상황을 볼 때 맥락을 읽을 줄 알게 되는 것이다. 아이가 책을 가까이 하면, 자기만의 소양을 갖게 된다. 그러면 아이는 살아가면서 책을 통해 여러 세계를 넘나들 것이다. 그리고 전 생애를 통해 지식을 쌓고 안목과 통찰력을 갖게 될 것이다. 이것이 아이에게 책을 가까이 하도록 도와야 할 이유이다.

엄마가 아이에게 필요한 모든 경험을 준비해 주는 것은 불가능한 일이다. 하지만 책을 가까이 하는 습관을 만들어 주는 것 하나로 그 무엇보다도 가치 있는 유산을 물려주는 것과 같다. 아이가 책 한 권을 펼치는 것은 하나의 세상을 경험하는 것이다.

아이에게 책이 장난감이 되려면

당신은 평소에 책을 많이 읽는 사람인가? 아니면 책과는 거리가 먼 사람인가? 책을 좋아하는 사람이라면 왜 책을 많이 읽는가?

책에서 얻을 수 있는 지식과 정보 때문일 수도 있고, 책 읽기가 가져다 주는 즐거움 때문일 수도 있다. 독서 성향은 사람마다 다르다. 하지만 내 아이가 책을 읽는 습관을 갖기 바라는 것은 엄마들의 공통적인 마음이다. "우리 아이는 책을 가까이 하는 아이로 크지 않았으면 좋겠다"고 말하는 엄마는 없을 것이다.

그렇다면 어떻게 해야 책과 친한 아이, 책을 장난감처럼 즐기는 아이로 키울 수 있을까?

책을 좋아하는 사람은 책 읽기에서 유용성을 느끼거나 책 읽기 자체에서 즐거움을 느낀다. 하지만 어린아이가 책 읽기에서 유용성을 느끼기란 쉬운 일이 아니다. 4살 된 아이가 그림책을 통해 무언가를 연구하고, 책을 통해 자신의 지식이 성장했다는 생각을 할까?

책을 보는 것 자체가 재미있다고 생각해야만 아이는 책을 가까이 하게 된다. 책 읽기가 놀이여야 한다. 하지만 책 읽기는 본능이 아니기 때문에, 그 습관과 태도를 만들어 주어야 한다. 어떻게 하면 아이에게 책이 장난감이 되고, 책 읽기는 놀이가 될 수 있을까?

책 읽는 아이가 있는 공간

파코 언더힐이 쓴 『쇼핑의 과학』은 소비심리 분석에 대한 고전으로 불린다. 그는 『쇼핑의 과학』에서 백화점이나 대형 마트는 고객들이 물건을 사도록 정교하게 설계해야 한다고 말한다. 백화점이나 마트는 고객들의 동선을 고려해 매장의 진열대, 각종 팸플릿, 안내 표지 그리고 입구와 출구, 엘리베이터와 에스컬레이터, 창문과 벽, 카운터까지도 정교한 전략에 의해 설계되어 있다. 그 정교한 전략과 설계가 매출을 좌우한다고 한다.

파코 언더힐은 "고객의 동선과 시선, 감정을 관찰하라!"고 말하고 있는데, 여기에서 '고객' 대신 '아이'로 바꿔 생각해 보자. 아이의 동선과 시선, 감정을 고려한 공간 배치로 아이를 책으로 이끈다. 아이가 책을 읽는 공간은 편안하고, 아늑한 분위기여야 한다. 바른 자세로 책상에 앉아 읽는 것이 아니라 언제든 바닥에 배를 깔고 엎드려 읽고, 읽다가 잠이 들어도 포근한 곳이면 좋다. 책장 앞에는 언제나 포근한 러그나 푹신한 빈백 소파가 놓여 있다면, 아이는 다른 곳에서 놀다가도, 책장 앞으로 가서 쉬게 될 것이다.

아이의 책장은 크지 않은 것을 사용하는 것이 좋다. 몸집 작은 아이가 보기에 커다란 책장은 위압적으로 인지된다. 아이가 손을 뻗으면 책을 꺼낼 수 있을 정도 높이의 책장을 사용하면 좋다. 아이가 지금 읽으면 좋을 것 같은 책은 아이의 전면 책장의, 아이의 눈높이가 정면으로 닿는 '프리미엄 석'에 배치한다. 그리고 아이가 잠든 밤에는 아이의 책 읽기 수준과 흥미를 고려해 수시로 배치를 바꾸어 준다. 이때 가장 중요하게 생각해야 할 것은, 책 읽는 아이의 '흥미'이다. 백화점에서 고객이 물건을 사고 싶어 하는 것처럼, 자기도 모르게 책을 꺼내 보고 싶어 하게 만드는 것이 목표이다. 집안에서 아이가 다니는 동선에 조그마한 책을 놓아둘 수도 있다.

나는 아이가 화장대 옆 바닥에 자주 앉는 것을 보고는 그곳에 작은 책 수레를 가져다 놓았다. 아이는 엄마가 화장대에 있을 때마다, 앉아서 책 수레에 담긴 책을 보았다. 싱크대를 여닫는 것을 재미있어 했던 아이를 위해서 싱크대 서랍에 몇 권의 그림책을 넣어 두었다. 아이의 침대 머리맡에도 늘 몇 권의 책을 놓아두었다. 아침에 잠을 깬 아이가 책을 먼저 다 읽고 엄마를 깨운 것은 덤으로 얻는 장점이었다. 엄마의 책장에서 아이의 눈높이에 맞는 한 칸을 비워내고, 아이의 책을 꽂아 두었다. 아이를 자연스럽게 엄마의 책장으로 초대하기 위함이었다. 아이는 자신의 책 말고 엄마의 책들도 자연스럽게 눈에 담아 두었다. 그러다 마음에 드는 것이 있으면 꺼내들고 한참을 들여다보곤 했다.

아이가 책을 읽는 시간

아이에게 책은 언제 읽어주면 좋을까? 아이가 요구할 때이다. 나는 책을 읽고 싶다거나 듣고 싶은 순간을 넘겨버리지 않았다. 설거지를 하다가도, 청소기를 돌리다가도 책에 관한 요구는 언제나 들어주려고 했다. 그렇게 하면 아이는 책에 관해서 만큼은 거절의 경험을 갖지 않게 된다. 원할 때 언제나 읽어주면, 원할 때 언제든 읽을 것이라 생각했다.

아침에 눈을 뜰 때나 잠들기 전과 같이 고정된 책 읽기 시간이 있으면 좋다. 그 시간에 아이에게 매일 책을 읽어 준다면, 아이는 물을 마시는 것처럼 당연한 시간으로 받아들일 것이다. 책을 안 읽어 준 날은 엄마와 아이 서로가 무언가 허전함을 느낄 것이다. 너무나도 바쁜 워킹맘이어서 시간이 부족하다면 단 10분이라도 좋다. 티끌은 모아 봐야 티끌이라는 우스갯말이 있다. 하지만 책 읽기에서 그 티끌은 모여서 태산이 된다. 10분씩 일주일이면 70분이다. 한 달이면 300분, 즉 5시간이나 아이에게 책을 읽어 준 것이 된다. 아이에게 이것이 1년, 2년 모인다면, 아이는 남부럽지 않은 독서 이력을 갖게 될 것이다. 더하여 바쁜 엄마에게 안겨서 들었던 책에 대한 기억은 얼마나 따뜻하고 소중하겠는가?

아이를 위한 고정된 책 읽기 시간 말고도 필요한 것이 있다.

三軍之衆(삼군지중), 可使必受敵而無敗者(가사필수적이무패자), 奇正是也(기정시야).

삼군의 군사가 적을 맞아 절대 패하지 않음은 '기奇'와 '정正'을 구사하기 때문이다.

『손자병법』에 나오는 말이다. '기奇'는 '기이한 술책'을 의미한다. 정공법이 아니다. 적과 정면으로 부딪쳐 싸우는 '정正'과 달리 게릴라전, 비정규전술이라 할 수 있다. 정해진 시간에 책을 읽어주는 것 말고도 아이와 함께 수시로 무언가를 읽을 수 있다. 각종 매뉴얼, 달력, 광고지, 지도 등은 아이와 읽기엔 이상해 보이는 것들일 수 있다. 기이한 술책이라 할 수 있다.

하지만 이런 것들은 아이가 보고, 읽고, 생각하는 것에 대한 감각을 키울 수 있다. 이것이 생활화되면 아이 곁에 있는 모든 것이 읽을거리가 된다. 그리고 시간을 정하지 않고도 언제든 할 수 있는 것이기 때문에 효과가 크다.

아이가 한글을 읽기 시작했을 때부터 많이 좋아했던 것은 지도였다. 간단한 그림들이 섞여 있는 여행안내 지도는 아이의 '최애템'이었다. 가는 여행지마다 여행 지도를 수집했고, 너덜너덜해질 정도로 보았던 지도들은 아이가 읽는 행위를 즐기는 태도를 갖는 데 지대한 역할을 했다.

집에 있는 매뉴얼, 달력, 광고지, 여행안내 지도들은 버리지 말고, 아이의 손에 닿는 곳에 놓아두자. 비용도 정해진 시간도 없이 가능한 책 읽기의 비정규 전술이다.

책은 장난감이 되어야

유대인들은 글자를 처음 배울 때, 알파벳 모양의 과자에 꿀을 찍어 먹으며 배운다. "글자를 배우는 행위는 달콤한 것이다." 라는 인상을 뇌에 무의식적으로 심어주는 것이다. 유대인들의 교육방식에 대해 생각해 볼 필요가 있다.

아이가 가지고 노는 장난감에 대해 생각해 보자. 장난감은 이렇게 가지고 놀아야 한다든지, 바른 자세로 앉아서 가지고 놀아야 한다든지, 가지고 놀고 난 후에 느낌을 말해야 한다든지 하는 의무 사항이 없다. 아이가 장난감을 가지고 노는 시간에 부모는 아이에게 놀이에 대한 결과물을 요구하지 않는다. 그래서 부담 없이 아이 마음껏 탐색할 수 있다. 마냥 재미있기만 한 것이다.

하지만 아이에게 책을 줄 때는 부모의 기대가 한껏 묻어 있다. 그래서 잘 정리된 책장과 독후 활동들이 준비되어 있다. 이것은 놀이가 아니다. 그야말로 규칙이 있는 '활동'이다. 그것은 아이에게 부담으로 느껴질 수밖에 없다.

장난감에는 반드시 지켜야 할 규칙이 있지 않다. 그냥 친해지고, 가지고 놀게 하는 것이 핵심이다. 그것이 즐거워야 한다.

프랑스의 작가 다니엘 페낙Daniel Pennac은 다음과 같은 독자이 권리 10가지를 강조하고 있다.

책을 읽지 않을 권리, 건너뛰며 읽을 권리, 책을 끝까지 읽지 않을 권리, 책을 다시 읽을 권리, 어떤 책이나 읽을 권리, 책을 현실로 착각

할 권리, 아무 데서나 읽을 권리, 마음에 드는 곳을 골라 읽을 권리, 소리 내서 읽을 권리, 읽고 나서 아무 말도 하지 않을 권리.

　어른들은 누구나 책을 읽으면서 이런 권리들을 당연하게 누리고 있다. 하지만 어린 독자인 우리 아이들에게도 이 권리가 보장되고 있을까?

　이 권리를 아이들에게 완전히 허용하는 부모는 드물다. 하지만 만약, 나에게 이 권리들이 금지된다면 어떨까? 책을 읽지 않거나 건너뛰며 읽고 싶은 부분만 보는 것, 보다가 멈추고 싶은 것, 어디서건 책을 펼 수 있는 것, 읽고 나서 아무 말도 하지 않고 음미하는 것, 책을 읽으며 이것들을 금지당하거나 방해를 받는다면 아마도 책을 가까이 하고 싶지 않을 것 같다.

　아이가 책을 가까이 하려면 책과 관련된 정서는 매우 자유로워야 함을 잊지 말자. 태어날 때부터 책을 좋아하는 아이는 없다. 만들어지는 것이다. 아이에게 책은 장난감이 되어야 하고, 책 읽기는 놀이가 되어야 한다. 그러면 아이는 책을 좋아한다. 이것이 책에 진심인 엄마가 아이를 키우는 방법이다.

엄마는 북 큐레이터

토마토를 키워본 적이 있는가? 토마토가 열리지 않거나 열리기는 했으나 열매들이 힘이 없을 때가 많다. 쉽게 자라는 작물인 것 같지만 나름의 방법들이 필요하다. 튼실한 토마토가 주렁주렁 달리게 하는 꿀팁이 있다. 토마토 모종의 뿌리에 가까운 잎을 3~4개 떼어주고, 줄기 부분을 옆으로 뉘어서 땅에 묻어준다. 그렇게 묻어준 줄기 부분에서 뿌리가 나온다. 즉 기존 뿌리와 더불어 땅에 묻어 준 줄기 부분에 추가로 뿌리가 생기므로 토마토가 영양분을 더 많이 흡수하게 되는 것이다.

토마토를 심고 키우는 것과 아이의 책 읽기를 돕는 것은 많이 닮아 있다. 독서교육은 여러 개의 뿌리가 단단하게 내려 열매가 주렁주렁 열리게 도와주는 것이다. 엄마는 우선 뿌리가 단단히 땅에 내리게 하고, 물 주고 거름을 주며 아이가 수확할 수 있도록 도와야 한다. 그것이 독서교육이다. 뿌리가 단단히 내리도록 하기 위해 엄마는 아이의 책을 손수 선정해 주어야 한다. 토마토를 기르는 농부처럼 아이를 위한 독서 리스트를 손수 만들어 보자.

시작은 아이가 좋아하는 것에서부터

아이의 책을 고르면서 막연하게 느껴지는 것은 독서교육을 시작할 때이다. 어떤 책을 사야 할지 몰라, 일단 유명 전집을 사거나 유아, 아동 분야의 베스트셀러를 집어 들게 된다. 물론 그 책들이 많은 사람들에게 인기를 끄는 책인 것은 맞다.

하지만 내 아이의 관심과 취향, 수준에 가장 적당한 책이라고 할 수는 없다. 그리고 아이에게 맞는 책을 찾기 위해 수십 권의 전집을 처음부터 펼쳐 놓을 필요도 없다.

단순하게 가자. 아이를 관찰하고 아이가 가장 좋아하는 것에서부터 출발하자. 아이가 아주 어리다면 아이가 좋아하는 감각에 주목하자. 아이가 자신의 관심 분야를 표현하는 나이라면 그 관심 분야의 책을 한 권 골라 보자. 무엇이라도 좋다. 출발점은 엄마의 기대나 욕심이 아닌 아이의 관심이다. 출발이 반이다. 출발이 성공이면 우리 아이 책 읽기 습관의 반은 이미 성공한 것이다.

꼬.꼬.무 책읽기

그 다음으로 기억할 것은 '꼬리에 꼬리는 무는 책 읽기'이다. 첫 번째 책과 관련된 아이의 관심 분야의 책들을 계속해서 찾아내는 것이다. 그러면 고구마 줄기 엮이듯 계속해서 책 목록이 작성될 것이다.

예를 하나 들어 보자. 아이의 첫 책이 『달님 안녕』이었다고 해보자. 아이와 이 책을 재미있게 보았다면, 아이는 사라졌다가 다시 나타나는, 대상영속성의 개념을 이해하게 되는 것이다. 그러면 다음에는 『두구두구… 까꿍!』과 같이 '까꿍 놀이'를 함께 할 수 있는 책을 골라볼 수도 있다. 아기 고양이가 달을 보고 우유 접시를 떠올리는 그림책 『달을 먹은 아기 고양이』를 골라볼 수도 있다. 『두드려 보아요』 역시 영유아기 아이들이 아주 좋아하는 그림책이다. 마지막 장면에서 밖으로 나가는 문을 열고 나가면 둥근 보름달이 하늘에 떠 있는데, 문을 열고 나가면서 아이와 함께 "달님 안녕"이라고 인사해 볼 수 있다. 그러면 아이는 책들을 연결하며 달에 대한 이미지를 마음속에 간직하게 된다. 그리고 시간이 조금 지나면 『달님 안녕』을 읽은 후에 『두드려 보아요』를 스스로 펼치는 아이를 보게 된다.

꼬리에 꼬리를 물며 책을 찾아 나가다 보면 아이는 자기도 모른 채 책 읽기는 재미있고, 기분 좋은 것으로 생각하게 된다. 그리고 앞으로 읽어 나가는 책들은 아이의 머리와 가슴에서 의미 있게 연결된다.

취향 존중

이쯤 이야기하면 많은 엄마가 "너무 아이가 읽고 싶어 하는 주제로만 책 목록이 만들어지는 것은 아닐까?", "아이가 독서 편식을 하게 되는 것은 아닐까?" 하고 걱정할 수 있을 것이다.

먼저 짚고 넘어가야 할 것은 '독서 편식'이라는 말이다. 독서는 취향이고, 선호에서 출발한다. 아이가 지금 자주 고르는 책들은 아이의 선호이고 취향이다. 아이가 관심 있어 하는 분야의 책을 읽고, 또 그것을 더 자세히 설명하거나 다르게 설명한 책을 읽는 것은 편식 독서가 아니라 심화 독서이다. 그렇게 시작된 아이의 심화 독서는 아이의 관심을 확장하고, 책 읽기를 진정으로 즐기게 만들어 준다. 오늘도 서점에 가면, 아이가 또 공룡 책을 들고 올지도 모른다. 그 책은 아이의 공룡에 대한 지식을 심화시키고, 중생대의 다른 생물들까지 흘깃 보게 만들 것이다. 멸종위기종들을 걱정하며 환경 운동에 관심을 가질 수도 있다. 아이의 관심은 전혀 예측하지 못한 곳으로 확장될 것이고, 아이는 책을 통해 지적 욕구를 충족하는 경험을 갖게 될 것이다.

오늘도, 내일도 공룡 책을 골라 와도 된다. 아이가 커가면서 관심은 자연스럽게 확장될 것임을 잊지 말자.

내 아이의 인생 책

독서 편식을 넘어 같은 책만 반복해서 보는 아이들이 있다. 책이 너덜너덜 해져서 같은 책을 여러 번 사 본 경험이 있는 엄마들은 걱정이 된다.

하지만 반복 독서 또한 걱정할 일이 아니다. 특정한 아이만 그런 게 아니라 신기하게도 아이들 대부분은 어떤 책 한 권에 꽂히는 시기가 있다. 그러던 아이가 여러 책을 보기도 하고, 또 어느 날은 한 권의 책에 한참을 머물러 있기도 한다. 이것은 걱정할 일이 아니다. 오히려 반가운 일이다. 같은 책을 계속해서 다시 읽고 싶어졌다는 것은 책을 정말 좋아하게 되었다는 의미이며, 책 한 권에 들어 있는 내용을 놓치지 않고 꼼꼼히 읽어내고 있다는 의미이다. 동시에 아이의 사고력과 문해력까지 향상되는 중이기도 하다.

몇 주째 같은 책을 끼고 있는 아이에게 "인생 책을 만났구나!" 하고 축하해 주자.

내 아이만을 위한 독서 리스트 만들기

초등학교에 입학한 딸을 둔 엄마, 지현은 SNS에 올라온 북 트리(아이가 하루 동안 읽은 책을 쌓아 찍은 사진) 사진을 보고는 기운이 빠진다. 그동안 아이에게 책을 열심히 읽어 준다고 했지만 사진에 보이는 책들을 보니, 자신이 아이에게 읽어 준 독서 리스트가 턱없이 빈약한 것만 같다. 마음이 바빠진다. 그녀는 마음이 바빠져서 아이의 독후 활동 계획을 더 촘촘하게 짜야겠다고 생각한다.

아이는 엄마가 제일 잘 안다. 내 아이에게 필요한 독서 리스트를 고심해서 찾아내는 것은 아이가 세상에 나아갈 때 필요한 지도를 선물해 주는 것과 같다. 그런데 이 지도는 하루아침에 만들어지지 않는다. 오랜 시간을 두고 차근차근 만들어 나가는 것이다. 다른 이들의 독서 목록을 기웃거릴 필요도, 독후 활동을 따라서 할 필요도 없다. 세상 모든 아이는 각자의 성향과 관심과 가야 할 길이 있기 때문이다.

SNS에 올라온 아이의 북 트리나 독후 활동의 성과에 조급해 하지지 말자. 맑게 가자. 내 아이만의 속도와 우선순위를 정해 보자.

아이의 책 읽기 목록에서 빠져서는 안 될 것이 있다. 바로 고전이다. 고전 속에는 전 인류와 전 시대를 관통하는 삶의 질문과 해답들이 녹아 있다. 우리 아이들이 사는 사회는 날이 갈수록 복잡해지고 있다. 입체적인 여러 가지 문제 상황에서 해답을 찾아야한다는 숙제를 안고 있다. 그 답을 찾아내는 힘을 고전에서 얻을수 있다. 스티브 잡스는 "소크라테스와 함께 오후를 보낼 수 있다면 우리 회사의 모든 기술을 그것과 바꾸겠다." 라고 했다. 그는 인문학적 통찰력이 그 무엇보다도 중요하다고 생각한 것이다.

고전은 수십 년에서 수천 년의 시간을 거치고도 우리에게 남겨진 보물이다. 1년에 대한민국에서 1년에 출판되는 책만 5만여 종 정도라고 한다. 전 세계를 놓고 보면 얼마나 많은 책이 출판되겠는가? 우리 아이들 세대, 그다음 세대가 되어서도 살아남은 책은 몇 권이나 될까? 고전은 세월을 이기고 살아남았다는 사실만으로도 읽어야 할 가치가 있다.(다만 성인용 고전을 어린이용으로 요약해서 재편집한 책은 선택에 주의를 기울여야 한다. 오히려 오히려 원전을 오독하게 될 가능성이 있고, 성장해서도 흥미를 잃어 원전을 읽지 않게 되는 부작용도 크다.)

추천도서 목록에 기대거나 유명전집을 사는 '쉬운' 방법으로는 아이에게 달콤한 책 읽기의 재미를 알려 주기 어렵다. 내 아이의 관심을 섬세하게 살피며 엄마가 직접 아이의 책을 고르자. 아이는 책 읽기의 즐거움에 빠져들고, 엄마도 아이와 함께 성장하는 마법을 보게 될 것이다. 엄마는 내 아이를 위한 최고의 북 큐레이터이다.

전집 구매가 독서교육은 아닙니다만

내가 어렸을 적엔 봉고차를 타고 다니며 전집을 판매하는 사람들이 있었다. 책이 한가득 실린 봉고차 문이 열리면 동네 사람들은 책을 구경하고, 그 사이에 판매상은 사람들에게 유창한 입담으로 책 홍보를 했다. 그들은 학교에까지 들어와 전집 소개를 하기도 했다.

중학교 때, 세계문학전집을 팔러 온 사람이 있었다. 그 세일즈맨은 얼마나 입담이 좋았던지, 그 책을 사지 않으면 교양 없는 아이로 뒤처지게 될 것만 같았다. 판매를 하는 사람이 미성년자와의 계약은 무효라는 것을 알았는지 몰랐는지 알 수는 없지만 아이들은 멋진 양장 표지의 전집을 부모님 허락 없이 '가계약'이라는 형태로 계약서에 사인했고, 계약서를 집으로 가져갔다. 책을 좋아했던 나도 그렇게 겁 없이 전집 쇼핑을 했다. 엄마는 황당한 표정이었지만 책을 읽겠다는 확고한 의지로 가득 찬 내 표정을 보고는 나의 철없는 전집 쇼핑을 눈감아 주셨다.

며칠 후 집으로 책이 도착했다. 책장의 가장 가운데에 전집을 채워 넣고는 참 뿌듯한 마음이었다. 벌써 다 읽은 것만 같은 기분이 들었다. 그중에서 들어본 적이 있는 제목의 단편이 실린 책을 한 권 꺼내 들었다. 중학생이 읽기에는 쉽지 않은 책이었다. 번역도 어색한 곳이 많아서 그런 부분은 여러 번 반복해서 읽어야 했다. 글씨 크기는 깨알 같았고, 어정쩡한 자간이나 줄 간격도 피로감을 주었다. 오기가 나서 다른 책을 꺼내 들었지만 마찬가지였다. 결국 그 전집은 다 읽지도 못한 채로 책장 맨 구석자리에서 잠들게 되었고, 나의 첫 번째 전집 쇼핑은 그렇게 아름답지 않게 끝이 났다. 그 일로 나는 책을 고르는 일 특히, 전집을 고르는 일에 신중해졌다.

"돌 아기, 전집 추천해 주세요."
"20개월, 책 얼마나 있으세요?"
"자연 관찰 전집 추천 부탁해요."

육아나 독서교육과 관련한 온라인 커뮤니티에서 심심찮게 볼 수 있는 글들이다. 많은 이들이 아이가 태어나면서부터 전집을 구입해 아이를 교육해야 한다고 생각하는 듯하다. 구입해야 할 전집의 분야도 참 다양하다. 오감발달, 자연관찰, 수학동화, 인성동화, 창작동화, 과학동화, 예술 그림책…. 어느 영역 하나도 비워두자니 마음이 편치 않다. 아이가 태어나면서부터 초등학교 때까지는 전집 위주로 구입하는 경우가 많다.

지인으로부터 아이 전집 여러 세트를 얻게 되었다. 지인의 아이가 이제 초등학교 고학년이 되어 어릴 때부터 읽었던 책들을 정리한 것이었다. 감사한 마음으로 받아서 들고 왔는데, 집에 와서 책을 펼치면서 적잖이 놀랐다. 펼치는 책 대부분이 '쩍' 하는 소리를 냈기 때문이다. 거의 펼쳐보지 않은 새책이었다. 고가로 구입한 전집을 한 번도 펴보지 않았다는 것을 알 수 있었다. 아깝게 느껴졌다. 그리고 그 책들이 책장에 버티고 있는 동안 아이와 엄마가 느꼈을 부담감도 함께 느껴졌다.

전집을 샀다가 거의 읽지 않은 채로 자리만 차지하고 있는 경험은 한 번쯤은 있을 것이다. 무엇이 문제였을까? 그 책들은 왜 한 번도 펼쳐지지 못 했을까?

"지금부터 우리 유치원의 자랑인 도서관을 소개하겠습니다. 어머님들, ○○출판사 다 아시죠? 우리 유치원은 ○○출판사의 유아 전집을 모두 소장하고 있습니다. 엄청나지 않나요? 그리고 이 시기의 아이들은 책을 읽어주는 것이 중요한데요. ○○출판사에서 이번에 출시 예정인 '책 읽어주는 로봇'을 출시 전에 우리 유치원에 먼저 배치했습니다. 아이들이 3년간 ○○출판사의 훌륭한 전집을 모두 읽고, 여기 있는 교구들로 독후 활동을 한다면, 다른 아이들이 갖지 못한 경쟁력을 갖게 될 것입니다. 어머님들, 너무 끌리지 않으세요?"

아이가 유치원에 갈 무렵, 신설 유치원의 입학설명회에 간 적이 있다. 도서관의 좋은 시설과 더불어 강조해서 소개한 것은 특정 출판사의 전집을 모두 보유하고 있다는 것이었다. 해당 출판사에서 나온 직원이 책과 교구에 대한 추가설명을 하기도 했다. 책장 가득 가지런히 꽂힌 전집과 책 읽어주는 로봇, 그리고 관련 교구들은 엄마들의 눈을 사로잡은 듯했다. 발 빠른 한 엄마는 전집과 로봇 구매를 문의하기도 했다.

유아기의 독서교육은 책 읽기의 정서를 만들어 나가는 것이 중요하다. 좋아하는 책을 마음껏 고르는 것, 책을 자유롭게 보는 것, 책과 관련된 좋은 기분을 느끼는 것 등을 세심하게 신경을 써야 한다. 전집에만 아이의 독서교육을 맡겨 두기에는 위태로운 일이다. 그런데 교육기관에서조차 전집을 구매하고, 전집에 딸린 교구들로 정해진 독후 활동을 하는 것이 현실이다. 그리고 그렇게 해야 엄마들이 안심하는 것 같다. 그리고 유치원 원장님 역시 '독서교육은 전집구매'로 인식하고 있는 듯했다. 안타까운 일이었다.

유아동 전집의 장점과 단점

'아이의 독서교육=전집 구매'로 시작되는 이유는 무엇일까?

전집이 가진 매력이 분명히 있기 때문이다. 전집의 장점을 생각해 보았다.

1. 다양한 구성의 책을 한 번에 쉽게 구매할 수 있다. 단행본을

몇십 권 고르는 것은 힘들어 보인다. 전집 한 세트만 잘 고르면 몇십 권을 고르는 품을 줄일 수 있다. 책 고르는 데 드는 시간과 에너지를 줄일 수 있기 때문이다.

2. 많은 책을 저렴한 가격으로 구매할 수 있다. 만약 낱권으로 전집의 책만큼 구매한다면 경제적으로 더 부담될 수 있다. 권당 가격을 생각한다면 전집이 훨씬 경제적이다.

3. 입소문이 난 전집은 일단 많은 엄마들이 선택한 전집이므로 일단 믿음이 간다.

하지만 이러한 장점들이 반대로 놓고 보면 단점이 되기도 한다.

1. 전집에 포함된 모든 책의 퀄리티가 좋을 수만은 없다. 출판사 입장에서는 좋은 책들 사이에 안 좋은 책을 끼워 파는 형태가 많다. 패키지여행과도 비슷한 것이다. 패키지여행에는 멋진 코스도 있지만 가기 싫어도 가야 하는 식당과 기념품 가게가 포함되어 있다.

2. 투자 대비 효과가 크지 않을 수 있다. 전집을 구매했지만 아이가 전집을 전혀 읽지 않으면 그대로 수십만 원을 버리는 것이다. 읽지 않은 전집을 오랫동안 가지고 있다가 결국 버리거나 중고책으로 처분하는 경우가 흔하다.

3. 아이들이 독서에 관해 부담을 가질 수 있다. 전집을 사는 사람은 주로 엄마이다. 아이가 직접 고른 책이 아니기 때문에

아이가 관심을 보이지 않거나 읽지 않으려고 하는 경우도 있다. 게다가 아이에게 맞지 않는 책을 강요하다 보면 아이가 오히려 책과 멀어지는 부작용이 생길 수도 있다. 아이들의 수준과 취향을 고려하지 않은 전집 구매는 부담만을 남긴 채 끝이 나는 경우가 많다. 잘못된 선택을 알고도, 비용이 생각나서 아이에게 억지로 읽게 하는 경우가 생긴다. 중고라 하더라도 전집은 엄마의 욕심과 조바심을 부추기고 아이에게 압박감을 주기도 한다. 아이를 위한 책 읽기가 아니라, 책을 위한 책 읽기가 되는 것이다.

전집을 구매하고 한다면 기억해야 할 것들

이쯤 되면, '그럼 전집을 구매하면 안 되는 것일까?' 하고 생각할 수 있다. 하지만 전집 구매가 꼭 나쁜 것은 아니다. 광고에 혹해서, 남들이 사니까 안 사면 불안한 마음에 사는 일은 아이의 독서를 돕는 데 전혀 도움이 안 된다고 말하는 것이다.

전집이 가진 약점에도 불구하고, 전집을 구매하고 싶다면, 몇 가지를 기억하자.

1. 아이의 독서 패턴을 살펴보자. 아이가 읽었던 책을 반복해서 또 읽고 싶은 시기인지, 아니면 다독으로 성취감을 높이고 싶어 하는 시기인지 확인해야 한다. 전자의 경우라면, 많은 책이 필요하지 않은 시기이다. 이때 전집은 오히려 아이의 반복

적으로 읽고, 깊이 읽는 독서를 방해할 수 있다. 아이가 지금 이런 경우라면 전집 구매를 당분간 미루는 것이 좋다.

2. 전집의 수준을 확인하자. 아이의 수준보다 높은 책을 사 주면 부담감을 느낄 수 있다. 이를 위해 오프라인 매장이나 도서관을 적극 활용하자. 샘플북이나 한두 권의 책만 보고 전집을 구입하면 실패할 확률이 높아진다. 책에 관해서는 아이에게도 취향, 독서 스타일이 있다. 이것을 살펴 책을 고른다면 실패를 줄일 수 있다.

3. 출판사별로 강점이 있는 전집은 모두 다르다. 누군가의 리뷰가 아닌 내가 직접 비교하고 확인하자. 온라인상의 리뷰나 지인의 추천만으로는 부족하다. 내 아이의 수준과 성향에 맞는 전집을 직접 골라야 한다.

"한 인간의 존재를 결정짓는 것은 그가 읽은 책과 그가 쓴 글이다." 러시아의 대문호 도스토예프스키가 한 말이다. 어린아이에게도 이는 마찬가지이다. 아이의 존재에 영향을 줄 만한 책들이 세상에는 너무도 많다. 아이와 함께 책을 한 권 한 권 골라 보자. 그리고 아이에게도 직접 고르게 해보는 것은 어떨까.

독서교육은 책 고르기부터 섬세함이 요구되는 일이다. 인기 전집이 아닌 내 아이의 개별성에 맞는 책을 한 권 한 권 고르는 시간이 얼마나 따뜻하고, 소중한지 느껴보길 바란다. 아이의 책을 고르는 것은 아이의 내면을 보는 연습이기도 하기 때문이다. 아이가

읽을 책을 고르는 과정을 통해 아이뿐만 아니라 엄마의 독서 수준
도 한층 더 높아질 것이다.

기억하자. 독서교육은 전집 쇼핑이 아니다.

내 아이를 위한 연령별 독서 전략

"도대체 어디서부터 어떻게 책을 읽어줘야 하는 거지?"

아이를 처음 키우기 시작했을 때는 어떻게 책을 읽어 주는 것이 맞는지, 어디서부터 시작해야 할지 고민이 많았다. 나름대로 교육에 대해 깊이 생각하며 살아왔다고 생각했지만 막상 내 아이와 마주하게 되자 여느 엄마가 느끼는 것과 비슷한 어려움이 찾아왔다. 그래서 매일 고민했다. 내 어린 시절을 반추하고, 배워왔던 것들을 모았다. 그렇게 정리된 생각을 가지고 아이에게 책을 읽어 주기 시작했다. 아이에게 책을 대하는 태도를 보여 주었다. 그리고 아이와 함께 읽어왔다. 아주 천천히, 재미있게.

사실 화려한 독후 활동도, 실물로 남겨진 결과물도 없다. 하지만 내가 자랑할 결과물은 바로 아이가 책을 읽는 아이로 성장하고 있다는 것이다. 아이는 책을 정말 좋아한다. 분야를 가리지도 않는다. 다양한 분야의 책을 좋아하고, 책 읽는 시간을 즐거워하고, 그 안에서 무언가를 스스로 배워나간다. 자신이 무엇을 좋아하는

지 알고, 그것을 찾아 읽고, 텍스트를 즐기고 있다. 이것 말고 아이와 내가 더 얻어야 할 것은 무엇일까?

0세부터 시작하는 독서교육

아이의 발달과 성장 시기마다 아이의 책 읽기도 조금은 다르게 도와주어야 한다. 이유식을 먹는 아이에게 치킨을 먹일 수는 없다. 학교 앞 떡볶이 맛을 알게 된 아이에게 아기 과자를 먹일 수는 없는 노릇이지 않은가? 이유식 먹던 아이가 매콤 달달한 떡볶이를 먹을 수 있을 때까지 늘 같은 방식으로 책을 읽어줄 수는 없다. 이제부터 할 이야기는 아이의 연령별 독서교육의 방법에 관한 것이다.

1. 0~2세. 아이가 책에 대한 기분 좋은 정서를 형성하는 시기

0세의 독서는 청각으로 시작된다. 청각은 인간에게 가장 먼저 생기는 감각이다. 또한 가장 마지막에 소멸하는 감각이기도 하다. 태아일 때부터 만들어진 청각이라는 감각은 세상에 존재하면서부터 책을 읽어 주는 엄마의 목소리를 들을 준비가 되어 있다. 미국에서는 출산 후에, 의사가 아기에게 그림책을 읽어 줄 것을 권고하도록 명시되어 있다고 한다.

신생아일 때부터 책을 읽어 주자. 부드럽고, 기분 좋게. 그렇게 읽어 주면, 아기는 생후 3개월 정도부터 책에 대해 반응하기 시작한다. 이 시기에 가장 중요한 것은 책을 친숙하게 느끼도록 도와주는 것이다. 책을 통해 무언가를 배우게 하기보다는 시각, 청각,

후각 등의 다양한 감각을 활용하며 책에 대해 기분 좋은 정서를 느끼도록 도와주어야 한다. 책에 대해 더욱 친근감을 느끼게 하려면 책을 읽을 때, 아이를 포근하게 안거나, 무릎에 앉히거나 눈빛을 교환하며 책을 읽어 주는 것이 좋다. 경쾌한 목소리와 표정, 몸짓 등을 함께 사용하여 아이가 책 읽기에 대한 긍정적인 정서를 만들어 가도록 하는 것이 좋다.

2. 3~4세. 책을 통해 얻은 즐거움을 표현하는 시기

3~4세가 되면, 아이는 짧은 문장으로 말을 하기 시작한다. 이 시기의 아이에게는 의성어나 의태어 등 반복되는 단어가 많은 책을 읽어 주는 것이 좋다. 아이와 대화하며 책을 읽어 주고, 노래나 몸짓, 표정 변화에 신경을 쓰며 아이와 상호 작용하는 것이 중요하다. 책을 통한 놀이 활동을 구상해 보는 것도 좋다. 이 시기의 아이들은 질문이 그치지 않는다. 그래서 책을 읽어 주는 동안 아이가 계속 질문을 해서 책 한 권을 집중적으로 읽어 주기가 쉽지 않다. 아이가 끊임없이 질문을 하거나 책과는 관련이 없는 이야기를 하더라도 끈기 있게 반응해 주는 것이 좋다. 아이에게는 그 모든 것들이 책을 읽는 과정이기 때문이다. 또한 만 3세 전후의 아이들은 기억력이 좋은 시기이므로 일상생활 장면이 담긴 그림책을 활용한다면, 아이의 발달을 도울 수 있다.

이 시기의 아이들은 이제 취향과 고집이 생긴다. 그래서 같은 책을 반복적으로 읽어달라고 요구할 수도 있다. 앞장에서 말한 바와 같이 반복 독서는 이 시기의 아이들에게도 문제가 되지 않는다. 같은 책을 여러 번 읽어 주어도 괜찮다.

3. 5~6세. 책을 통해 경험을 정의하는 시기

사용하는 어휘가 폭발적으로 늘어나는 이 시기의 아이들에게 독서는 어느 때보다 더욱 중요하다. 아이가 세상을 보는 눈을 넓혀주고 어휘력을 길러 주기 위해 다양한 장르의 책을 접하도록 도와주자. 아이의 상상력을 자극할 수 있는 책을 고르고, 선악의 구별이 명확한 동화책을 읽으며 스스로 옳고 그름을 분별하는 시도를 연습해 보는 것도 좋다.

이 시기의 아이 중에 글을 읽을 줄 아는 경우에는 엄마가 책을 읽어주는 빈도가 줄어들기도 한다. 하지만 글을 읽는다 하더라도 문맥이나 전체적인 이야기를 이해하지 못 하고 글자만 읽는 경우가 많으므로 아이와 함께 꾸준히 읽어 주는 것이 좋다.

4. 7세~9세. 아이가 가진 지적 호기심을 마음껏 탐색하는 시기

혼자 책 읽는 연습을 하고, 독서 습관을 만들어 가는 시기이다. 단순히 책을 읽는 것에 그치지 않고, "내가 주인공이라면 기분이 어땠을까?"와 같은 질문을 통해 사고의 경험을 확장할 수 있도록 도와주자. 또한 인성과 사회성이 발달하는 시기이므로 관련된 주제의 책들을 읽도록 돕는 것도 필요하다.

이 시기의 아이들은 혼자서 책을 읽는 것에 흥미를 느끼는 시기이다. 그렇다고 해도 읽어주기와 함께 읽기를 계속 유지해 주어야 한다. 아직 아이의 문해력은 완전하지 않다. 문해력은 텍스트의 의미를 내면화할 수 있는 능력이다. 아이가 혼자 책을 읽어도 읽은 내용을 내면화할 수 있도록 이야기를 나눠보자. 아이가 읽은 것과 알고 있었던 지식, 그리고 경험을 결합할 수 있도록 대화를 이끌어 보자.

5. 10세 이후. 자신만의 책 읽기 취향과 방법을 정립하기 시작하는 시기

10세 정도가 되면 스스로 책을 고를 수 있게 하고, 독서량도 늘려 보자. 아이의 연령과 발달 수준에 맞는 책을 읽게 해 주자. 또한 보다 다양한 책들을 접할 기회를 주자.

이 시기의 아이들은 논리적이고 비판적인 사고를 하기 시작한다. 책 속의 인물과 사건에 대해 스스로 평가해 보게 하고, 이해하기 어려운 내용을 스스로 해결하도록 하면서 지적 호기심을 채울 수 있도록 도와주는 것도 필요하다. 또한 책뿐만 아니라 다양한 읽을거리를 제공해 아이가 독서에 대한 흥미를 지속할 수 있도록 도와주어야 한다.

일반적인 아이의 발달 단계가 가지는 보편성을 바탕으로 독서 교육의 방법을 이야기해 보았다. 하지만 사실 이것보다 중요한 것은 내 아이의 개별성이다. 보편성이라는 지도에 내 아이의 개별성을 더해 새로운 독서 교육 지도를 완성하기를 바란다.

책 읽기 덕목 세 가지

연령별 독서교육과 더불어 기억해야 할 것이 있다. 전 연령을, 그리고 독자의 전 생애를 아우르는 덕목이다. 이것은 아이의 책 읽기뿐만 아니라 엄마의 책 읽기에도 적용될 수 있는 이야기이다.

첫 번째 덕목, '그냥 읽기'이다. 매일매일 숨 쉬듯, 밥을 먹듯, 그렇게 책을 읽는 것이다.

김연아 선수에게 운동 전에 스트레칭을 하며 몸을 풀 때 무슨 생각을 하느냐고 묻자 "생각은 무슨 생각을 해요? 그냥 하는 거죠."라고 대답했다고 한다. 발레리나 강수진은 "지금까지 제가 거둔 성공, 주변의 찬사는 모두 일상적 반복이 빚어낸 위대한 선물이에요."라고 말했다. 매일 같은 하루하루를 반복해 대단한 성취를 만들어 낸 것이다.

아이의 책 읽기는 매일 매일 '그냥' 하는 것이다. 그런 하루하루가 모여 아이는 책을 늘 가까이 하는 독자가 될 것이다. 읽은 책의 내용이 기억나지 않고, 매일 그냥 읽는 것이 나에게, 아이의 성장에 도움이 될까 하는 의문이 들 수 있다. 그럴 때도, 더 이상 생각하지 않고 계속 읽는 것이다. 콩나물을 키울 때 콩나물에 물을 주면, 시루 아래로 전부 빠져나간다. 하지만 콩나물은 매일 그렇게 자라고 있다.

두 번째는 '넘치게 읽기'이다.

약간의 비로는 땅을 충분히 적실 수 없다. 그런 비는 지표면만 약간 적시다가 만다. 땅을 흠뻑 적실 정도로 충분히 비가 내려야 개울로, 강으로, 먼 바다로 흘러갈 수 있다. 포만감이 들 정도로 많이 읽고, 책을 읽고, 음미하고, 마음에 새기고, 망각하고, 다시 꺼내 보도록, 책 읽기에 충분한 시간이 필요하다. 생각보다 요즘 아이들은 어린 시절부터 책을 읽을 시간이 많지 않다. 해야 할 것도, 배워야 할 것도 많기 때문이다. 아이들이 책 읽는 데 푹 빠질 만한 시간과 공간을 자주 마련해 주자.

세 번째 덕목, '재미있게 읽기'이다.

무엇이든 재미있어야 계속할 수 있다. 책 읽기에는 정해진 방법도 규칙도 존재하지 않는다. 그러니 그저 재미있으면 된다. 책 읽기 대회에 나갈 것은 아니다. 독서 영재가 되어야 하는 것도 아니다.

영화평론가 이동진은 영화평론뿐 아니라 방대한 독서량으로 유명한 사람이다. 그의 저서 『이동진 독서법』의 부제는 「닥치는 대로 끌리는 대로 오직 재미있게」이다.

아이의 독서도 마찬가지다. 독서목록이나 읽는 방법, 읽을 시간에 대한 제한을 두지 말자. 독후 활동에 대한 압박도 거둬 보자. 닥치는 대로 읽을 수 있고, 끌리는 대로 재미있게 읽는다면 아이는 책을 가까이 할 수밖에 없지 않을까?

아이를 키우는 엄마 대부분은 아이의 책 읽기를 진정으로 돕고 싶어 한다. 정도와 방향의 차이가 있을 수 있지만 아이를 키우는 동안 아이의 책 읽기를 위한 노력은 본질적으로 같은 과정을 거칠 것이다. 아이가 성인 독자로 성장할 때까지, 엄마는 옆에서 응원하며 아이의 긴 여정을 함께 할 것이다. 때로는 지겹거나 버거울 때도 있다. 하지만 그 끝에는 책 읽기의 기쁨을 아는 아이와 함께 성장한 엄마가 기다리고 있을 것이다. 자, 이제 그들을 반갑게 만나러 가자!

"우리는 우리가 읽은 것으로부터 만들어진다."

-마틴 발저

PART 4

엄마가 품고
자연이 키운다

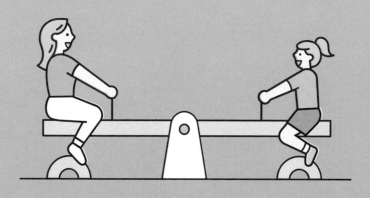

부지런한 꼬마 농부의 하루

아이를 낳아 기르는 동안 내 삶은 내가 원래 추구했던 대로 삶이 꾸려지지 않음을 경험했다. 아파트에서의 생활은 단조로웠다. 어린아이와 함께 자유롭게 시간을 보낼 수 있는 공간은 그리 많지 않았다. 놀이터와 키즈카페는 식상해졌다. 스마트폰으로 몇 번의 터치만 하면 로켓처럼 빠르게 배송이 되고, 새벽 배송으로 마켓을 가지 않아도 부족함을 느끼지 못 했다. 그런데 이상하게도 부족한 것 없는 그 생활은 늘 묘한 부족함을 느끼게 했다. 아이와 함께 있는 시간에 무언가를 하거나 어딘가에 가지 않으면 안 될 것 같았고, 비슷비슷한 문화센터 수업이 지루하게 느껴졌다.

"나는 삶이 아닌 삶을 살고 싶지 않았다. 삶만큼 소중한 것은 없다고 생각했기 때문이다. 꼭 그래야만 하는 경우가 아니라면 나는 결코 물러서고 싶지 않았다."

미국의 시인이자 철학자인 헨리 데이비드 소로H. D. Thoreau는『월든』에서 전원생활의 이유를 이렇게 설명했다.

삶이 아닌 삶을 살고 싶지 않았던 소로는 삶의 본질과 직면하기 위해 숲속의 삶을 택했던 것이다.

『월든』을 읽은 어느 날, 나는 아이와 함께하는 전원생활을 마음에 담게 되었다. 그러다가 아이가 네 살이 되었던 해부터 가능할 때마다 시골살이를 하기로 마음먹었다. 그리고 한달에 일주일 정도의 시간을 아이와 함께 제주의 흙에서 뒹굴고, 숲을 만끽하며 자유로운 시간을 보냈다. 그곳에서 지내는 동안 우리는 일출과 일몰의 장엄한 시간의 순행 그리고 자연의 흐름을 따르며 정직한 몸의 리듬만이 있을 뿐이었다. 비로소 나와 아이의 숨소리가 들리는 것 같았다. 시골 생활에서는 삶이 아닌 군더더기는 없었다.

나는 내 육아에서 소로가 말한 것처럼 삶이 아닌 삶의 찌꺼기들을 덜어내고 싶은 열망을 가지고 있었다. 오직 진짜인, 따뜻한 삶만 있는 시간. 아이에게 진정으로 소중한 것들을 경험하도록 해주고 싶었다.

바람 소리와 새소리에 잠에서 깬다. 제주의 새벽은 제주만의 공기와 냄새로 열린다. 특유의 흙냄새와 촉촉한 바람은 도시에서 맛볼 수 없는 것들이다. 아무리 뛰어난 필터를 장착한 공기청정기라 해도 흉내조차 낼 수 없을 것이다.

아이와 주섬주섬 옷을 챙겨 입고는 마당에 딸린 텃밭으로 간다. 그리고 신발을 벗는다. 새벽녘에 맨발로 밟는 흙은 촉촉하다. 기분 좋은 냄새도 난다. 마음이 허락할 때까지 흙을 밟는다. 맨발로 김을 매며, 아이와 지난밤 꿈 이야기를 하다 보면 어느새 태양이 따끈하게 등을 데운다. 벌써 일과 하나를 마쳤다.

아침을 먹은 뒤에 아이는 양동이를 하나 챙기고, 모기를 막을 긴 옷들을 챙겨 입고는 장화를 신는다. 폭신한 흙이 깔린 밭에서는 장화만한 것이 없다. 아이는 이제 모기와 더위를 다루는 방법을 알고 있다. 아이와 밭으로 향했다. 가는 동안 아이는 어린이집에서 배운 노래를 쉴 새 없이 부른다. 아이의 노랫소리, 울퉁불퉁 제각각으로 생긴 현무암을 쌓은 돌담 너머로 보이는 진초록의 청귤. 참 예쁜 여름이다.

밭에 도착한 아이와 나는 수확을 시작한다. 아이는 봄에 심은 모종과 씨앗들이 이만큼이나 자란 모습을 보며 놀라고 또 놀란다. 콩, 옥수수, 토마토, 고추, 깻잎. 아이가 들고 나온 양동이는 금세 채소들로 가득 찬다. 아이는 옥수수자루를 따다가 뒤로 나자빠지기도 하고, 토마토를 따다가 갈증이 났는지 한입 베어 물기도 한다. 집에서는 온갖 깔끔을 다 떠는 녀석이 밭에만 오면 언제 그랬냐는 듯 자유롭다.

흔히 '노각 오이'라고 알고 있는 '외'는 돌담에 매달려 자란다. 오이보다는 투박하게 생긴 데다 맛 또한 쌉쌀하다. 그런데 외만의 독특한 향과 매력이 있다. 아이도 처음엔 못생긴 외를 외면했지만, 결국 그 시원한 맛에 빠져들었다. 수확할 때마다 빠뜨리지 않는 품목이다.

'비록 돈은 없었지만, 햇빛 찬란하게 빛나는 시간과 여름날을 마음껏 누렸다는 점에서 나는 부자였다.'

소로가 여름날 느꼈을 충만함이 이런 것이었을까? 우리는 땀과 흙으로 더러워진 얼굴을 보며 깔깔거리며 행복을 만끽했다. 많은 시간을 지나서 이 아이의 엄마가 되어, 이 여름을 이렇게 보낼 수 있다니, 이보다 감사하고 다정한 일이 있을까 싶었다.

점심을 먹고 난 후, 오후 일과를 시작하기 전에 아이와 내일 먹을 빵을 반죽해 발효시켰다. 함께 빵을 만드는 과정을 통해 아이는 자기가 먹는 게 무엇으로 만들어진 것인지 알게 된다. 빵이라는 완성작이 아니라 빵을 구성하는 재료들과 그 재료들이 어울려 어떤 모습으로 완성되는지 알게 되고, 길고 느린 발효 과정을 지켜보면서 무언가를 얻기 위해서는 그만큼 기다림도 필요하다는 걸 체험하게 된다. 집 앞 빵집에서는 쉽게 손에 넣을 수 있었던 빵이 이토록 오래 기다려야만 먹을 수 있는 것, 참고 기다려야만 원하는 걸 얻을 수 있는 법이라는 걸 알게 되었다. 도시에서 자라면서 원하는 것을 쉽게 손에 넣을 수 있었던 아이에게는 소중한 경험이다.

불멍, 식멍, 물멍, 달멍. 온갖 생각으로 머릿속이 복잡한 사람들에게 각종 '멍'이 인기 있는 아이템이 되었다. 오죽하면 '멍 때리기 대회'가 있을까 싶다.

사실 요즘은 어른이나 아이나 너무 바쁜 나머지 머리를 비워낼 시간이 부족하다. 나 역시 그러했다. "과연 아무것도 하지 않는 것이 시간 낭비일까?" 하는 질문을 종종 하곤 했다. 너무 많은 자극에서 잠시 벗어났으면 했다. 그래서 제주에 갈 때만큼은 일부러 책도, 장난감도 보드게임도 거의 가져가지 않았다. 아이의 시간표에 좀처럼 끼여들 틈이 없는 여백을 만들어 주고 싶었기 때문이다.

비 오는 날의 시골 오후는 어른에게도 아이에게도 지루하다. 비가 오면 너무 '심심하다, 심심하다' 지쳐 그만 심심하고 싶어진다. 그러면 아이는 현관 구석에 쌓여 있는 동백 씨앗으로 놀이를 만든다. 솔방울들을 세워놓고, 동백 씨앗을 튕겨 솔방울들을 쓰러뜨린다. 그러다 지루해지면 아이는 우비를 입고 장화를 신고 밖으로 나간다. 비 오는 날 흙길을 걸어보는 것은 도시의 시멘트 위에서는 하기 어려운 놀이가 되기도 하고, 걷다가 마주친 물웅덩이도 아이에게는 한참을 놀 만한 놀이터가 된다. 그리고 아이는 그 심심한 중에 발견한 소소한 놀이의 즐거움을 온 얼굴로 보여준다. 아무것도 하지 않는 것이 오히려 의미 있는 일이었다. 아이는 놀려고 논다. 놀이 자체가 목적이 된다.

하루 동안 열심히 땀 흘린 농부에게 최고의 보상은 아마 행복한 저녁 식탁이 아닐까 한다. 저녁 식탁은 오늘 하루에 대해 이야기하고 내일을 준비하는 시간이다. 거의 매일 저녁 장작불을 피워 고기와 생선을 구웠다. 장작불이 꺼진 후에 맛볼 수 있는 고구마는 덤이다.

여기저기 떨어져 있는 마른 동백열매 껍질을 불속에 던져 넣으니 타닥타닥하고 껍질이 터지는 소리가 난다. 아이는 그 소리를 정말 좋아해서 마른 동백열매 껍질을 한가득 주워 불 속에 던지곤 했다. 시골 밤의 저녁 식탁은 아이의 눈에 잠이 스밀 때까지 이어지곤 했는데, 그 어느 때보다 아이를 많이 안아준 시간이 되어주었다. 오늘 있었던 이야기, 무한의 상상력을 따라가며 만들어진 이야기, 고마운 사람과 고마운 것들에 대한 이야기들이 그곳에서 우리와 함께했다. 머리 위에 쏟아질 것 같은 별들과 함께 말이다.

아이는 자연에서 진짜 삶을 배운다. 자연의 품속에서 생활하기 위해서는 부지런히 움직여야 하고, 아이는 그것을 위한 리듬을 배운다. 자연은 거짓이 없으니 아이는 자연의 품속에서 정직을 배운다. 그리고 자신에게 허락된 것들을 감사할 줄 아는 아이로 자라게 된다.

아이가 이처럼 자연과 더불어 놀며 하루를 보내는 동안 스미듯이 자연에 동화될 수 있는 것은 아이가 본래 자연에서 온 존재이기 때문일 것이다. 그렇다. 자연은 아이의 삶에 필요한 많은 것들을 주고 북돋는다.

학원을 순례하면서 하루하루를 숨쉴 틈 없이 보내고 있는 아이들에게 숨쉬는 법을 가르쳐 주자. 아이를 자연으로 데려가 보자. 가능한 만큼 자주!

자연속에서 아이들은 스스로 진짜 성장을 이뤄갈 것이다.

손톱에 낀 흙도 소중해

열한 살이 된 소년 타고르는 아버지와 함께 여행을 떠난다. 그들 부자는 해발 2,000미터 고지의 작은 마을에 도착했는데, 히말라야 삼나무로 울창하게 덮인 곳이었다. 그곳은 소년이 처음 보는 꽃들로 가득했고, 눈 덮인 히말라야 봉우리의 경이로움을 볼 수 있었다. 어린 타고르는 대자연의 신비 속으로 빠져들었다.

타고르는 매 순간 자연 속에서 호흡하며 감동을 만끽했고, 대자연의 아름다움을 가슴에 담았다. 그러면서도 공부하는 것을 게을리 하지 않아 아침이면 어김없이 일어나자마 인도의 고대 언어인 산스크리트어를 공부했고, 공부가 끝나면 아버지와 아들은 아침 우유를 마셨다. 그리고 아버지가 낭송해 주는 기원전 1000년 전에 산스크리트어로 기록된 〈우파니샤드〉를 들었다. 이어 태양이 떠오를 때쯤 아버지와 아들은 히말라야의 정기를 호흡하면서 아침 산책에 나섰다. 산책에서 돌아오면 아버지는 아들에게 다시 영어를 가르치고 히말라야의 눈을 녹인 찬물에 목욕하게 했다. 오후에도 대자연 속에서 수업을 이어갔다.

이렇게 4개월간 아버지와 함께한 여행은 훗날 타고르가 시인이자 사상가, 교육가로 성장하는 밑거름이 되었다. 아버지에 대한 존경, 신뢰, 대자연에서 호흡한 경이로움, 아버지를 통해 흡수한 지식을 향한 열정, 종교에 대한 이해와 인간에 대한 배려 등은 모두 이 여행에서 비롯되었다고 타고르는 훗날 회상했다.

타고르는 히말라야 여행에서 인생의 중요한 많은 것들을 배웠다고 말했다. 그는 아이들은 자연 속에서 배울 수 있어야 한다고 생각했다. 그래서 인도의 동부 샨티니케탄^{Santiniketan}에 비스바 바라티^{Visva-Bharati}라는 학교를 설립했고, 지금까지 그 학교에서 자연 교육이 이어지고 있다. 이곳에서의 수업은 항상 자연과 함께 이뤄진다. 타고르의 철학에 따라 그곳에서는 아이들이 자연의 섭리를 배우며 자라도록 장려하고, 나무 그늘을 교실 삼아 수업을 진행한다. 나무 밑에 앉아 땅과 바로 맞닿아 흙을 느끼며 배울 때, 아이들은 자연의 섭리 속에서 살아가는 법을 자연스럽게 체득한다.

자연은 나의 삶과 타인의 삶, 그리고 그것들의 조화를 알려준다. 자연이 쓰는 언어는 어린아이도 쉽게 이해할 수 있다. 어려운 다른 말로 설명할 필요가 없다. 그저 자연의 품에 안겨 머무르면 아이는 자연과 대화를 주고받으며, 알아간다.

친정 부모님은 귤나무를 키우신다. 부모님의 농장에서는 농약을 전혀 사용하지 않는다. 그래서 농장에서는 특유의 흙냄새를 맡을 수 있고, 다양한 곤충과 벌레들을 만날 수 있다. 꽃봉오리가 맺히고, 꽃이 피고, 열매가 맺히고, 열매가 익어가는 모든 순간을 자연 상태로 관찰할 수 있다.

애벌레들은 아이가 가장 좋아하는 농장 친구였다. 아이가 즐겨 보던 그림책 『배고픈 애벌레』의 애벌레처럼 애벌레들은 귤을 관통하며 제일 먼저 맛을 보곤 했다. 거미들은 도시의 거미줄과는 다른 순한 모양의 거대한 거미줄을 만들어 놓았다. 사슴벌레의 늠름한 모습은 아이의 어깨도 펴게 했다. 그리고 운이 좋은 어느 날 밤엔 반딧불이를 만날 수도 있었다. 아이는 반딧불이를 바라보며 손을 뻗었다. 그런 아이의 반짝거리는 눈망울은 반딧불이의 불빛만큼이나 따뜻하고 사랑스러웠다.

4월이 되면 귤꽃이 핀다. 귤꽃은 작고 귀엽다. 연둣빛 여린 잎 끝에 매달린 하얀 꽃은 아이의 조그마한 입술을 닮았다. 흐드러지게 꽃이 필 때면 바람이 불어오지 않아도 그 향기가 전해진다. 그 향기는 집으로 돌아온 뒤에도 자주 생각이 났다.

짙은 향기를 서서히 가라앉히며, 그 귤꽃 끝에 새끼손톱만한 귤이 열린다. 5월이다. 그 아기 귤을 노랗게 익게 하기 위해 기다리고 또 기다린다. 8월. 진초록 여름이 되면 청귤을 맛볼 수 있다. 초록 껍질 속에 숨어 있는 연노랑색의 상큼함을 맛보면 잠시 다른 세상에 다녀오는 것 같다. 그렇게 청귤과 함께 여름을 보내고, 선선한 가을을 지나고 나면 드디어 노란 귤을 만날 수 있다. 노란 귤을 만나면, 이제 "겨울의 문턱이구나." 한다. 11월이다. 아이는 가장 예쁘고, 싱싱해 보이는 귤을 딴다. 올해 첫 귤 수확이 시작되었다. 과수원 한쪽에 있는 커다란 통나무에 걸터앉아 먹는 귤의 맛은 세상 달콤하다.

아이가 먹은 것은 그저 작은 귤 하나가 아니다. 그것은 자연의 1년이고 동시에 아이의 1년이다. 흙과 바람과 햇볕의 협업 결과물이다. 이 새콤달콤함을 느끼기 위해 무엇이 얼마나 필요한지 아이에게 설명할 필요는 없었다. 자연이 다 말해 주었으니 말이다.

귤 수확이 끝나고 나면, 아이와 귤을 가지고 아이가 좋아하는 먹을거리들을 만든다. 귤을 껍질째 넣고 설탕과 뭉근하게 졸여 잼을 만들었다. 잼은 약한 불에서 오랫동안 졸여 만들어야 했다. 인내심이 필요한 것이었지만 그 달콤함을 위해 아이는 잘 기다렸다. 또 아이가 좋아했던 것 중 하나는 귤칩이었다. 귤을 껍질째 얇게 썰어 건조하면 바삭거리는 식감이 예술인 최고의 간식이 된다.

잼과 칩을 만들면서 아이에게 알려주고 싶은 것이 있었다. 자연으로부터 가공된 것들이 자신에게 오기까지의 시간과 과정을 아이가 깨닫길 바랐다. 나무에 열린 열매만 보는 것이 아니라 그 열매를 맺게 한 흙과 햇볕, 공기를 알았으면 했다. 그 본질적인 과정을 아는 아이는 자기 삶의 본질도 스스로 알게 될 것이라 기대했다.

귤을 수확하는 시기에는 제주에 제법 오래 머물렀다. 긴 시간 머무는 동안에는 아이가 자연에 더 친밀한 관계로 맺어지고 있음이 느껴졌다. 오후에 수확을 마치고 아이와 함께 과수원을 나서면서 장화를 벗어 흙을 탈탈 털어내고 손톱 사이에 낀 까만 흙을 긁어내는 아이에게 물었다.

"왜 그렇게 해? 들어가서 씻으면 될 텐데…."

"여기 흙들이 귤나무를 키워주잖아. 키워주는 건 소중하니까. 나무한테 소중한 걸 돌려주고 가는 거야."

키워주는 것은 소중한 거다. 생명을 키워내는 것, 그보다 숭고한 게 있을까? 아이는 자연에서 그 단순하고도 명백한 진리를 알아가고 있었다. 내가 엄마가 되어 아이와 함께 성장하고 있는 이 순간이 얼마나 '소중한 것'이라고 말해 주는 것 같았다. 눈가에 뜨뜻한 눈물이 돌았다.

아이의 시골 라이프는 집으로 돌아와도 계속되었다. 자연에 비하면 좁디좁은 아파트 베란다에서도 아이는 씨앗 싹을 틔우는 데 몰입하고 있다. 꿀벌과 나비 대신 인공수정을 하고, 정성껏 물을 준다. 식물을 돌보는 것에 제대로 진심이다. 배송된 옥수수에 딸려온 애벌레에게 거처를 마련해 주고, 배추와 상추를 차려 극진히 대접한다.

식물에 대해 알고 싶어 하는 마음도 커졌다. 좋아하는 것에 대해 더 잘 알고 싶어지는 것은 당연한지도 모르겠다. 베란다에 있는 식물들, 산에서 만났던 식물들에 대해 알고 싶어서 식물도감이 가장 사랑하는 책이 되어버렸다.

"알면 사랑한다."

최재천 교수는 무엇인가에 대해 알아가고자 하는 노력이 축적될수록 그것을 이해하고 사랑할 수밖에 없다고 말한다. 알면 사랑할 수밖에 없다. 사랑한다는 것은 관계를 만들어가는 것이다. 자연의 품속에 있는 동안 아이는 자연과 관계를 만든다. 자연을 알아간다. 그러면 자연을 이해하고, 사랑할 수밖에 없다.

자연을 사랑한다는 것은 자연을 알아간다는 것이다. 자연을 이해한다는 것이며, 작은 것들을 소중히 여기는 것이다. 자연에서 아이는 자연을 알아가고, 자연을 닮은 자신을 알아간다. 그리고 자연과 이어진 자신을 사랑한다.

"옷이 해질까, 흙먼지로 더럽혀질까 두려워 아이는 세상과 거리를 두고, 움직이는 것조차 겁을 냅니다. 어머니, 화려한 옷과 장식에 둘러싸여 건강한 대지의 흙에서 멀어진다면, 그리하여 평범한 인간 삶의 거대한 축제 마당에 입장할 자격을 잃게 된다면, 그것이 무슨 소용입니까?"

타고르는 『기탄잘리』에서 자연에 대한 여러 이야기를 한다. 그것은 어린 시절에 그가 이미 자연의 경이로움을 직접 보고 체험했기 때문일 것이다.

타고르의 말처럼 건강한 대지의 흙과 가까이 할 수 있는 것은 아이에게 큰 축복이며, 행복이다. 잔잔하면서도 농밀하게 흘러가는 자연 속에서 벌어지고 있는 삶의 축제에 아이를 데려가 마음껏 놀도록 해보자. 자연을 소중하게 느끼고, 자연이 주는 아름다움을 누릴 수 있는 인간으로서의 천성을 지켜 주자.

오름이 아이를 안을 때

　제주는 오름의 땅이라 해도 과언이 아니다. 오름은 화산 활동으로 용암이 분출돼 솟아오른 대자연의 한 모습으로서 뿐 아니라 제주 사람들의 삶과 정서에 큰 영향을 미쳐온 곳들이다. 오죽했으면 "제주 사람은 오름에서 태어나 오름에 기대어 살다가 오름으로 돌아간다"는 말이 있을까?

　오름은 제주의 마을과 마을을 형성하는 모태가 되었고, 제주 사람들은 각각의 오름마다 제주의 신들이 자리를 잡고 있다고 여겼다. 오름과 그 주변으로 넓게 펼쳐진 거친 황무지인 '뱅듸(버덩)'는 테우리(제주의 목동)들이 말과 소를 키우는 터전이었다.

　"엄마, 오름은 산이랑 똑같은 거야?"

　"아니야, 오름은 산이랑은 달라. 오름이 어떻게 만들어졌냐면 말이지….."

　오름을 오르다가 툭 던지는 아이의 질문에 오름이 어떻게 생성되었는지 그 과정에 대해 설명해 주려다가 얼른 말을 주워 담았다. 일곱 살 아이에게 오름이 만들어지는 모습에 대한 상상을 펼쳐갈 시간을 더해 주고 싶어졌기 때문이다.

"제주도는 설문대할망이 만들었어. 설문대할망은 몸이 엄청나게 큰 할머니였어. 얼마나 컸냐 하면…."

오름에 관한 옛이야기는 여러 가지가 있다. 나는 그중에서 아이가 가장 재미있어 할 만한 이야기를 골랐다. 마침 아이는 똥 이야기를 한창 좋아하고 있을 때였다.

"설문대할망이 잠을 잘 때 머리는 한라산을 베고 발은 제주도 앞에 있는 섬에 걸쳐놓아야 잠을 잘 수 있었대. 한번은 설문대할망이 수수범벅을 먹고 설사를 하기 시작했는데, 설사가 여기저기 떨어졌대. 그래서 여기저기 떨어진 할망의 설사가 360개 오름이 되었지."

360여 개의 오름을 설문대할망의 힘찬 설사로 만들었다는 이야기는 아이에게 큰 웃음을 주었다. 오름을 오를 때마다 설사의 강한 분출력과 엄청난 양을 상상해 보게 된다. 이탈리아의 스트롬볼리섬의 화산, 하와이의 칼라우에아가 분출하는 장면을 찍은 영상을 떠올려 본다. 오름에 오르면 발바닥에 그 어마어마한 힘이 느껴지는 것 같았다.

나는 아이가 다섯 살이었던 해부터 오름에 자주 올랐다. 아이와 함께 머물렀던 곳이 제주도의 동쪽에 있었기 때문에 낭끼오름, 다랑쉬오름, 용눈이 오름을 자주 올랐다.

'낭끼오름'은 제주를 여행하는 사람들에게는 잘 알려져 있지 않은 아주 작은 오름이다. '낭끼'의 '낭'은 나무를 뜻하고, '끼'는 변두리를 뜻한다. 나무들이 서 있는 변두리라는 의미를 가진 오름이다. 입구부터 길을 따라 소나무들이 자라고 있어 소나무 향을 맡으며 오솔길을 걷다보면 얼마 지나지 않아 정상에 도착한다. 5분 정도면 된다. 순식간에 오른 정상에서는 우도와 성산일출봉, 여러 오름과 산들을 한눈에 볼 수 있다.

나는 아이와 함께 일출을 보고 싶을 때면 '낭끼오름'에 올랐다. 새벽에 아이와 오르기에 무리 없는 오름이었기 때문이다. 이렇게 쉽게 올라온 정상에서 주변 전망을 모두 볼 수 있다는 것은 고마운 일이었다.

    간밤에 창문을 두들기던 달
    날 밝으니 다랑쉬로 바뀌었네
    내가 거기에 무엇을 놓고 왔기에
    날이면 날마다 가고 싶은가

이생진 시인은 다랑쉬오름을 날마다 가고 싶은 곳이라고 했다. 가보면 정말 그렇다. 누구라도 시인처럼 아련한 마음을 갖게 하는 곳이다. 다랑쉬오름은 정상의 분화구가 마치 달처럼 둥글다고 해서 '월랑봉'이라고도 한다. 오름의 아랫부분에는 삼나무와 편백이 무성하게 자라 숲을 이룬다. 그 숲을 걷다 보면 어느 순간 시야가 확 트이는 경험을 하게 되는, 아름답다는 말이 절로 터져 나오는 오름이다. 오죽하면 '오름의 여왕'이라는 별칭을 얻게 되었을까.

다랑쉬오름은 너무나도 아름답지만, 어린아이와 오르기에는 살짝 거친 감이 있었다. 그래서 다랑쉬오름 앞에 있는 아끈다랑쉬오름(작은 다랑쉬오름)과 다랑쉬오름 사이를 오가며 놀았다. 이곳은 가을이면 억새가 장관을 이루는 곳이다. 아이와 나는 용눈이오름을 특히, 좋아했다. 오르는 길이 완만하고, 가는 길이 재미있기 때문이다. 그래서 아이가 다섯 살이었을 무렵부터 무수히 올랐다.

제주의 바람은 육지의 바람과는 다르다. 거셀 뿐 아니라 예측할 수 없다. 몸이 날아갈 것 같다. 잠잠하다가도 순식간에 어디선가 바람이 몰려온다. 그러다 거세게 불던 바람이 놀랄 정도로 갑자작스레 잦아들기도 한다.

용눈이오름 앞에 도착한 그날도 갑자기 바람이 불기 시작했다. 아이와 나는 망설이다가 그냥 올라가 보기로 했다. 오를수록 바람은 거세졌다. 아이가 날아갈 수도 있겠다 싶었다. 나는 아이를 꼭 안고 걸었다. 그리고 제주의 바람을 얼굴로 맞을 때마다 삶에서 마주치는 시련도 이와 같지 않을까 생각했다. 그리고 온몸으로 바람을 느끼며 생각했다. 아이가 앞으로 살아가며 마주할 바람에 대해서 말이다. 그 바람은 어느 때는 감당할 만큼일 것이고, 또 어느 때는 숨쉬기 힘들 정도로 사나울 것이다.

나의 아이야,
바람은 원래 부는 거란다. 그러니 세상 가는 길에 바람을 만나거든 그냥 걸어가렴.

제 방향대로 부는 바람에 너 자신을 내어 주지 말고,

따뜻함과 단호함을 마음에 품고 뚜벅뚜벅 걸어 나가면 되는 거란다.

그러면 어느새 그 바람은 또 지나가 있을 거야.

그 어떤 바람도 너를 흔들 수는 없어.

너는 두 발을 땅에 붙이고 서 있는 큰 나무와 같은 아이니까 말이야.

아이야, 오늘 오름에서 만난 바람을 기억해.

그리고 늘 엄마는 언제나 너의 손을 잡고 있다는 것도 기억하렴.

땅이 나무뿌리를 꽉 잡고 있는 것처럼 말이야.

바람을 맞으며, 아이와 걸으며 생각의 끝은 『오디세이아』의 한 장면에까지 이르렀다. 『오디세이아』의 마지막 장면에서는 오디세우스가 아내인 페넬로페에게 이렇게 말한다.

"여보! 아직은 우리의 고난이 다 끝난 것이 아니라오. 앞으로도 헤아릴 수 없이 많은 노고가 닥칠 것이고 아무리 많고 힘들더라도 나는 그것을 모두 완수해야 하오."

오디세우스의 말처럼 힘든 일들이 닥친다고 하더라도 눈앞의 상황을 담담하게 받아들이고, 극복하려는 강한 마음을 가질 수 있다면, 아이가 사는 날들에 엄마의 걱정은 전혀 필요할 것 같지 않았다. 또한 내 아이가 그럴 수 있다는 강한 믿음이 생겼다. 바람은 거셌지만, 불쑥 찾아든 믿음과 용기로 마음만은 평온해졌다. 바람 속에서 오름은 아이와 아이의 엄마로 살아온 나를 안아 주었다.

쪽빛 바다에 두 발을 담그면

바닷물이 따뜻해지기 시작하는 초여름이 되면, 아이의 마음은 매일 들썩인다. 하루라도 바다에 가지 않을 수 없다. 지난해에 느꼈던 쪽빛 바다의 잔물결이 아이의 손과 발에 남아 있기 때문이다. 아침부터 바다 노래를 부르는 아이를 데리고 바다로 나섰다.

해맞이 해안로를 따라가면 하얀 모래와 검은 현무암 그리고 푸른 바다와 풍력 발전기가 어우러진 풍경이 눈앞에 펼쳐진다. 카이트 서핑을 즐기는 사람들이 바다의 분위기를 한층 신나게 만든다.

월정리해변을 조금 지나 만날 수 있는 세화해변은 규모가 작은 편이다. 지나며 보이는 백사장도 그리 넓지 않아서 해수욕장으로 매력이 떨어지는지 인파가 적은 편이다. 하지만 그 덕분인지 세화해변만의 조용하고 소박하며 여유로운 분위기가 있어 아이와 함께하기에는 더없이 좋다. 그리고 나와 아이가 세화해변을 무엇보다 좋아한 이유는 썰물 때의 매력 때문이다. 네 살 아이 허벅지가 잠길 정도의 수심을 유지하며 끝도 없이 펼쳐진 바다가 비현실적으로 느껴진다. 다른 세상으로 들어온 것 같은 착각을 일으킬 정도다. 아이는 발바닥에 밟히는 모래의 감촉을 원 없이 즐기며 발가락으로 모래를 파기도 하고, 얕은 물속에 누워서 빙글빙글 돌기도 하면서 깔깔거렸다. 푸른 하늘과 쪽빛 물과 구름과 흰 모래가 어우러진 곳에서 아이는 그것들과 섞여 있는 자기의 손과 발을 한참 들여다보았다.

쪽빛의 물에 담긴 아이와 나의 발은 바다의 물결과 물빛을 저장했다. 바다의 색과 바다의 소리와 넘실거리는 물결의 움직임을 언제라도 기억할 수 있게.

쪽빛의 제주 바다는 흥미진진한 워터파크나 화려한 호텔 수영장으로서는 도저히 줄 수 없는 영감을 준다. 아이와 엄마의 마음은 그것을 얻고자 여름이면 매일 바다로 나가곤 했다.

운이 좋았던 어느 날, 아이는 물질을 하고 나오시는 해녀 할머니와 마주쳤다. 순간 아이는 얼어붙었고, 할머니는 따뜻한 미소와 함께 소라 하나를 건넸다.

"이건 느 아정가라."(이건 너가 가지고 가렴.)

스페인 출신의 화가 에바 알머슨Eva Armisen이 그림을 그린 고희영 작가의 그림책『엄마는 해녀입니다』에는 제주에서 해녀로 살아가는 해녀 삼 대에 관한 이야기가 담겨 있다. 할머니와 엄마의 이야기를 아이가 전해 주는 이야기다.

어느 날 엄마는 바다 깊은 곳에서 주먹 두 개를 합한 것만큼이나 커다란 전복을 발견한다. 엄마는 숨이 가빠오고 가슴이 컥 조여왔음에도 욕심 때문에 물 밖으로 나갈 생각은 하지 못 하고, 바위틈 사이로 손을 더 깊이 넣었다. 엄마의 몸은 납덩이처럼 무거워졌고, 발버둥을 치면 칠수록 더 바닥으로, 바닥으로 가라앉게 되었다. '이제는 죽었구나' 하고 생각할 때, 근처에서 물질을 하고 있던 할머니가 엄마를 끌어올렸다. 시퍼렇게 물든 할머니의 입술이 엄마에게 "하마터면 죽을 뻔하지 않았니?"라고 야단을 친다. 그리곤 바다로 물질을 나가는 엄마에게 매일 잊지 않고 말한다.

"오늘 하루도 욕심내지 말고 딱 너의 숨만큼만 있다 오너라."

해녀들은 물속에서 내내 숨을 참았다가 물 밖으로 나오면서 숨을 몰아 내쉰다. 그때 "호오이, 호오이" 하고 막혔던 숨을 몰아쉰다. 그 돌고래 같은 소리를 '숨비소리'라고 한다.

숨비소리를 들으면 해녀들이 가진 삶에 대한 의지와 그녀들이 감내한 삶의 애잔함이 전해진다. 무게와 의지라는 삶의 두 축을 균형 있게 지탱하기 위해서 그녀들은 늘 기억해야 했다. 더도 말고 덜도 말고 딱 나의 숨만큼만. 해녀들은 가슴속에 이 말을 안고 차가운 물속으로 들어간다.

살아가다 보면 나의 크고 작은 욕심들을 마주할 때가 있다. 적당한 욕심으로 좋은 것을 얻게 될 때도 있지만 그것이 부담으로 돌아올 때도 있다. 아이를 키울 때도 마찬가지다. 나 혼자만의 문제가 아니라서 더 그렇다. 아이가 관심 없는 전집으로 책장을 채우고, 아이의 미래를 위한다는 생각에 무리한 사교육으로 아이를 지치게 하기도 한다. 아이를 다른 아이와 비교하며 다그치기도 한다. 많은 엄마들이 아이의 속도와 리듬을 기다리지 못 하고, 아이를 재촉한다. 아이가 잘 자라기를 바라는 마음은 한가지이지만 그것이 집착이 되기도 한다. 그리고 집착은 불안과 또 다른 욕심을 만들기도 한다.

"부모가 된다는 것은 사람마다 속도가 다름을 받아들이는 것이다."

심리학자 셰팔리 차바리Shefali Tsabary는 부모가 되는 것이 얼마나 어려운 일인지를 이야기한다. 그리고 아이마다 가지고 있는 속도의 차이를 받아들이는 것이 진정한 부모가 되는 것이라고 말한다. 아이의 속도와 내 마음의 속도를 일치시키기 쉽지 않기 때문이다.

한국의 엄마들은 아이의 교육과 건강은 물론이고 또래 관계까지도 '완벽하게 잘' 만들어 주고 싶어 한다. "이것이 '좋은 엄마'다." 라는 수많은 글, 조언들이 엄마들을 조급하게 만든다. 주말에도 쉬지 않고 아이에게 다양한 경험을 만들어 준다는 책임감으로 고군분투하고 있다.

하지만 아이에게는 모든 것을 '완벽하게 잘' 마련해 줘야만 좋은 엄마가 아니다. 그것은 세상이 정한 좋은 엄마일 뿐이다.

나는 세상이 정해놓은 좋은 엄마 말고, 내 아이가 좋아하는 엄마가 되길, 그것이 엄마의 행복임을 거듭거듭 생각하며 크게 숨을 쉬었다. 아이의 숨과 나의 숨이 우리가 들이쉬고 내쉴 수 있는 만큼일 때, 우리의 들숨과 날숨이 하나의 소리를 낼 때, 그 욕심 없는 상태가 완벽한 것이다.

백사장이 펼쳐진 해변도 좋지만 까만 현무암이 켜켜이 쌓여 널려 있는 바다도 매력이 넘친다. 제주 바다에서만 볼 수 있는 풍경, 섭지코지의 붉은 오름 앞 해변인지라 더 그렇다.

썰물로 가득 들어찼던 바닷물이 빠져나가면 돌을 뒤집어 본다. 돌 밑에 붙어 있는 고둥을 볼 수 있다. 다양한 종류의 고둥을 통틀어 제주에서는 보말이라고 부른다. 아이는 돌에 붙어 있는 보말을 똑똑 따서 바지 주머니에 담는다. 보말을 줍는 재미에 빠져들어 아이는 어느새 물속에 주저앉아 시간 가는 줄을 모른다. 물속에 앉았다가 일어서는 아이의 바지에서 물이 주르륵 빠지고 나면 보말로 가득 찬 주머니가 드러난다. 아이의 통통한 볼처럼 주머니도 통통해졌다. 아이는 걸음을 뗄 때마다 돌을 만지며 물 밖으로 나오는 걸 아쉬워했다. 아이를 물 밖으로 데리고 나오면서 지난번 바다에서 주워 간 보말의 맛에 대해 이야기를 나눈다. 보말의 고소함과 달큰함이 기억났는지 아이의 눈빛이 반짝거리고, 발걸음은 빨라졌다.

지금은 사라진 풍경이지만 저녁이면 식구들이 둘러앉아 아이들이 썰물 때 주워온 보말을 까먹는 것이 정을 나누는 행복한 일과였다고 하는데, 우리도 섭지 바다를 다녀온 날이면 보말을 삶아 바늘로 찔러서 빙빙 돌려 까먹으며 느릿느릿 소중한 저녁 시간을 보냈다.

제주의 겨울 바다는 다른 계절에는 도저히 만들어 낼 수 없는 명징함이 있다. 명징함. 일상적으로 쓰이는 말은 아니지만 이 말보다 더 마땅한 단어를 찾지 못 하겠다. 선명하고, 차갑고, 명쾌하고, 그 어떤 허튼 생각도 더해지지 않는다.

아이를 태우고 종달리에서부터 월정리 방향으로 해안도로를 따라 드라이브를 하고 있었다. 유독 겨울에 더 아름다운 구간이었다. 검디검은 현무암이 바다색을 더 진하게 만들었다. 아이는 곤히 잠이 들었고, 차가운 바닷바람이 고파졌다. 잠시 차를 세웠다. 차를 세운 곳은 구좌읍 평대리의 넙덕빌레였다. 넙덕빌레는 제주 방언으로 돌이 넓적하게 퍼져 있는 것을 말한다. 넓적한 바위들이 밀물 때는 감춰져 있다가 썰물이 되면 그 모습을 드러낸다. 한적하고 탁 트인 바다를 마주하자, 가슴과 머리가 순식간에 새로운 공기로 채워졌다. 그렇게 새로운 공기로 채워지는 순간, 나는 지나간 시간도, 다가올 내일도 아닌 딱 '지금'에 서 있었다.

'살아 있다. 살아 있다. 나는 살아 있다.'

고동치는 맥박과 같은 감정이 온몸에 울리는 것 같았다. 진정으로 살아 있는 기분이었다. 겨우겨우 하루를 보내고, 나의 존재를 잊고 있는 순간들이 있었다. 아이를 키우고, 현실적인 문제들을 처리해 나가며 늘 분주했다. 그러지 않으려 애썼지만 가끔은 나를 잊은 채로 그저 살아가고 있는 것은 아닌가 싶었다. 아니 나를 잊은 채 살아가고 있음조차 인식하지 못 한 채로 흘러가버리는 시간이 점점 늘고 있었다. 아이가 나인 듯, 아이와 나의 삶이 뒤섞여 경계조차 흐릿해지는 시간을 어찌할 수 없이 받아들이기도 했다. 겨울 바다는 그 흐릿함 속에서 나에게 선명한 숨을 선물했다. 나는 온전히 나로서 '지금, 여기에' 살아 있었다.

바다는 언제나 아이와 나에게 맑고 따뜻한 기억을 남겨 주었다. 그리고 마음을 넘실거리게 했다. 아마도 아이가 가장 오래 기억할 것은 바다에 발을 담갔을 때, 발바닥에 닿는 흰 모래와 검은 돌의 촉감과 쪽빛 물살의 간질거림, 그리고 그 순간 아이의 뺨과 머리칼을 스치는 바람일 것이다. 아이는 오늘도 저녁을 먹다 말고 문득 이런 말을 꺼낸다.

"엄마, 나 섭지 바다에 가고 싶어."

PART 5

아빠 육아,
선택이 아니라 필수다

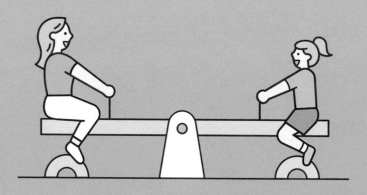

소년이 아빠가 되기까지

아빠는 과연 '진짜 아빠'가 되었을까?

'아빠에게 아이를 맡기면 안 되는 이유'라는 제목의 짧은 영상들을 본 적이 있으신지. 아이가 입은 점퍼의 소매를 장바구니처럼 들고 걸어가는 아빠, 어떤 아빠는 아이를 로봇청소기에 앉혀 놓은 채 청소기를 조작하고, 또 어떤 아빠는 아이와 달리기 시합을 하면서 어떻게든 아이를 이기려고 아이가 뛰다 넘어진 것도 모른 채 최선을 다해 달리는 영상들이다. 엄마의 눈으로 보기엔 정말 황당한 장면들이다.

현실에서 엄마가 이런 아빠의 모습을 마주하게 되면 어떤 기분일까? 아이와 신나게 노는 남편을 칭찬할 수만은 없을 것이다. 하지만 뒤집어 생각해 보면 남자인 아빠가 가지는 단순함과 대범한 태도가 엄마와는 전혀 다른 육아를 할 수 있게 하는 힘이 될 수도 있겠다는 생각이 든다.

아빠들은 육아에 있어서 왜 이렇게 엄마들과는 다른 모습을 가질까 생각해 보았다. 아빠들은 원래는 남자아이였다. 매일 우당탕거리며 뛰어다니고, 언제나 바지 무릎은 해져 있고, 짜장면을 턱 밑에 한가득 묻히면서 먹는 그런 아이. 엄마의 말을 한 귀로 듣고 흘려버리던 아이. 친구들과 땀 흘리며 노는 것이 세상 무엇보다 재미있었던 아이….

그런 아이가 몸이 커지고 평생 함께하고 싶은 사람을 만나 결혼하고, 이제 한 아이의 아빠가 되었다. 그런데 소년이었던 아빠는 과연 '진짜 아빠'가 되었을까?

아빠의 진화

내 아이의 아빠인 남편이 아빠가 되는 과정을 생각하기에 앞서, 우리의 아버지들을 떠올려 보자. 그들은 1950~60년 무렵 태어난 분들이 대다수이다. 그들은 한국전쟁이 끝나고 전후복구로 어수선하던 무렵에 태어났다. 형제들은 많았고, 생존 문제가 무엇보다도 중요하던 시절이었다. 아버지는 강력한 가부장의 권위를 내세워 가정의 많은 문제를 한두 마디로 결정했다. 아버지가 무뚝뚝한 모습으로 비춰지는 건 당연했다. 아버지가 수저를 들기 전에 수저를 드는 것조차 있을 수 없던 시절이었다.

우리나라는 세계에서 유래를 찾아보기 힘들 정도로 빠른 속도로 발전해 왔다. 한 세대가 후진국과 개발도상국과 선진국을 모두 경험했다는 것은 실로 놀라운 일이다.

하지만 그 과정에서 남겨진 것 중 하나는 '아빠의 부재'였다. 아빠들은 새벽부터 나가서 밤늦은 시간이 되어서야 집에 돌아왔다. 그것도 많이 지친 채로 말이다. 농업중심사회에서 산업중심사회로 옮겨가면서 대부분의 아버지들은 도시 중산층으로 사는 것을 목표로 삼았고, 그런 아버지들은 제때 월급봉투를 가져다 주는 것이 중요한 미덕이었을 것이다. 이를 위해 아버지들은 밤낮없이 일하고, 아이들을 기르는 일은 온전히 엄마의 몫이 되었다. 엄마의 독박육아가 당연했던 시절이었다. 그래서 대부분의 아버지는 아이들의 삶에 스며들 시간이 절대적으로 부족했다.

이러한 상황적 이유로 우리나라는 아빠의 육아 참여에 대한 인식이 늦은 편이었다. 1990년대가 되어서야 비로소 아빠의 양육 태도에 대한 연구들가 시작되었다. 그리고 아빠의 교육 참여에 대한 시도들(참여 수업, 아빠를 대상으로 하는 교육 프로그램 등)이 시작된 것도 그즈음부터였다.

하지만 이런 것들이 시작될 무렵에 찬물을 끼얹는 상황이 벌어졌다. IMF 외환위기가 찾아온 것이다. 수많은 기업과 은행이 연쇄적으로 도산했고, 그에 따라 엄청난 수의 사람들이 실직했다. IMF 구제금융을 신청한 직후인 1998년에는 실직자가 200만 명에 달했다. 그로 인해 붕괴하는 가정이 많았고, 자살로 인한 사망자가 교통사고 사망자 수를 앞질렀다. 가장의 실직과 함께 엄청난 위기가 닥쳤다. 이것은 자신의 가정의 일이 아니라 하더라도 조금만 눈을 돌리면 쉽게 마주할 수 있는 현실이었다. 가족과 친구, 지인

중에 수많은 실직자가 있던 시절이었다.

이런 상황에서 아버지가 아이들의 삶에 스며들기란 쉬운 일은 아니었을 것이다. 가정을 지키기 위해 이전보다 밖으로 나가 더 많은 에너지를 쏟아야 했을 것이다. 엄마들은 다시 독박육아의 상황에 놓이게 되었고, 아이들과 아빠 사이에는 여전히 '거리'가 존재했다. 아빠와 가장 많이 하는 대화는 "아빠! 엄마 어디 있어?" 라는 우스갯소리가 있을 정도였으니 말이다.

그런데 시간이 흘러, 그런 아버지의 아들인 우리의 남편이 이제 내 아이의 아빠가 되었다. 시대는 급변해 아빠에게 요구하는 역할도 상전벽해처럼 많이 달라졌다. 우리가 어렸을 때는 상상도 해본 적 없는 '아빠 육아 휴직'이 가능한 시대이다. 이제 엄마들은 이전 세대와는 다른 고학력자들에다, 포기할 수 없는 커리어를 가지고 있다. 동시에 세상은 아빠들의 육아 역할에 대해 끊임없이 이야기한다. 이전 세대의 아버지들은 생각지 않았던 '아빠 육아'라는 챕터가 새롭게 부과된 것이다.

그럼에도 이 시대 아빠들에겐 '아빠의 육아'에 대한 롤모델이 없다. 참으로 안타까운 일이다. 아버지도, 친구들도 잘 모른다. 어디까지 해야 모두가 만족할 만한 선일까? 또한 아빠 육아에 대한 요구 수준은 날이 갈수록 높아지지만, 현실은 여전히 제자리걸음이다. 아빠 혼자서 아이를 데리고 외출하면 기저귀를 갈 수 있는 공간을 찾는 것조차 쉽지 않다. 홍보 영상이나 사진을 봐도 엄마와 아이의 모습을 연출한 것이 대부분이다. 병원이나 어린이집,

유치원 그리고 학교에서도 양육자를 부를 때, "○○어머니"가 기본값이다. 아이가 다니는 기관에서 아빠들이 주요 구성원으로 참여한 모임은 거의 본 적이 없다. 맞벌이 가정이라 해도 아이와 관련된 모임은 엄마들이 참여하는 것이 당연하게 여겨진다. 많이 변화하기는 했지만, 아직 우리 사회는 아빠의 육아 참여가 어색하기 때문이다.

이런 역동적인 변화의 시대에서 아빠들이 마주해야 하는 것들은 사실 조금 버겁고, 하기 싫고, 쑥스러운 것들이 많을 것이다. 아이와 단둘이 보내는 하루 동안 어떻게 시간을 보내야 할지, 아이를 등·하원 시키며 선생님과는 어떤 말을 주고받아야 할지, 아빠참여수업에서는 어떻게 해야 할지, 놀이터에서 만난 아이 친구 아빠와는 어떻게 친해질 것인지. 어렵고 난감한 순간이 있을 것이다.

하지만 현재의 어려움들을 모른 채 덮어둘 수만은 없지 않은가? 이전 세대의 방식으로만 살 수는 없지 않은가? 언제까지고 철없는 소년으로만 있을 수만은 없지 않은가? 하나씩 하나씩 직면하고, 해결해 나가는 경험을 쌓아야 한다.

아빠를 육아의 장으로 끌어들여야 하는 이유

아빠들이 아빠의 육아 참여가 아이에게 어떤 영향을 미치는지 안다면 철부지 소년으로만은 머물 수 없을 것이다.

1. 영국 옥스퍼드대학교 국립아동발달연구소에서 33년 동안 1만 7,000명의 아이를 추적 연구했는데, 사회성이 좋고 성공한 어른은 어렸을 때부터 아빠들이 육아에 많이 관여했다는 결과가 나왔다. 그리고 이것을 '아빠 효과(father effect)'라고 명명했다.

2. 미국 코네티컷대학교의 로널드 러너 박사팀에서는 35년 동안 1만 명을 추적 연구했더니, 어렸을 때부터 아빠와 많이 놀고 대화를 나눴던 아이들이 훨씬 긍정적이라는 결과가 나왔다.

3. 우리나라 육아정책 연구소가 5년간 2,000가구를 추적 조사한 결과, 아빠가 지속해서 양육하는 가정의 아이들이 사회성이 좋다는 결과를 얻었다.

4. 미국 캘리포니아 리버사이드대학 심리학과 교수인 로스 파크는 아빠와의 놀이나 상호작용은 논리적이고 이성적인 뇌를 발달시킨다는 것을 알아냈다. 영유아기 때 아빠와의 관계가 부족했던 아이들은 수리 능력이 떨어지고 학업성취도 역시 낮았다. 그리고 아빠가 애정과 관심을 가지고 신체 놀이와 스포츠를 한 남자아이는 교우관계가 원만하고 인기가 많은 것을 확인했다.

아빠는 '아빠'라는 이유 같지 않은 이유로 육아의 많은 부분에서 당연한 듯 제외되었다. 하지만 몇 가지 연구들만으로도, 아빠가 육아에 참여하는 것이 왜 중요한지를 알 수 있다. 이걸 보고도 아빠를 제외시킬 수는 없다. 그럼 이제 그 중요한 일을 알고 있는 엄마들은 아빠를 더 넓은 육아의 장으로 끌어들여야 한다. 물론 그러기 위해서는 엄마로서, 아내로서 지혜를 발휘해야 한다.

"아버지는 '아버지'가 되겠다고 의식적으로 결심해야 한다."

사회철학자이자 교육자인 마이클 거리언은 남자들에게 진정한 아버지가 되기 위한 노력을 해야 한다고 말한다. 사회적 인식과 경험의 차이, 시간의 한계를 넘어서서 엄마만큼 아이와 가까운, 아이에 대해 잘 아는 아빠가 될 수 있다. 아빠가 의식적으로 결심한다면, 그리고 엄마가 그 결심을 돕는다면 얼마든지 가능하다. 남편을 진정한 아버지로 거듭나게 하기 위해 엄마가 어떻게 도울 수 있을지 지금부터 같이 고민해 보자. 여전히 해맑은 소년을 아빠로 만들어 보자!

아빠가 필요한 순간

김영진 작가의 『아빠가 달려갈게』는 한때 아이가 즐겨 읽었던 그림책이다. 이야기는 무인도에 혼자 있어도, 해적에게 잡혀가도, 악어에게 잡혀가도 아빠가 언제든 달려와 구해 줄 것이라는 믿음은 아이로 하여금 뭔지 모를 힘이 솟게 한다. 너무 슬퍼 눈물이 멈추지 않거나 잠이 오지 않을 때, 배가 고파 깊은 밤까지 잠이 오지 않을 때, 길을 잃었을 때도 아빠가 언제나 달려올 것이라는 안도감을 느끼게 한다.

사실 이 그림책에서 아이에게 차분하고, 묵직한 용기를 갖게 하는 대목은 마지막 부분이다.

"언젠가 아빠의 도움 없이 걸어가는 날이 오면 조금 쓸쓸할지도 모르지만, 걱정할 필요는 없어요."

그리고 아빠가 아이에게 당부하는 말이 이어진다.

"아빠가 이것 하나만은 약속할 수 있어. 네가 필요하다면 아빠는 어디든 달려갈 거야. 꼭 기억하고 있어."

아이는 무섭거나 위험한 상황이 생겼을 때마다, 아빠가 구하러 올 거라고 말했다. 아이에게는 아빠라는 든든한 방패가 생긴 듯했다.

아빠라는 존재

철학자 하이데거는 평생에 걸쳐 '있음'에 대해 사유하고 설명했다. '나무가 있다', '돌멩이가 있다'에서 나무와 돌멩이와 같이 '있는 것'보다 '있다'에 주목해 볼 필요가 있다고 이야기한다. 하이데거는 '있는 것'에 가려져, '있음'은 오랜 시간 주목받지 못 했다고 설명한다. '있음'은 '있는 것'들에 우선하는 토대다. '있음'은 '있는 것'처럼 사라지는 것이 아니다.

아이가 태어나 걸음마를 하고 말을 배우고, 성장해 다양한 경험을 하고, 세상에 나가는 그 시간에 아빠는 어떤 역할을 하고 있을까? 한 인간의 생에서 아빠는 '있음' 그 자체로서의 가치가 중요한 존재이다. 아이의 존재 자체를 함께했던 아빠는 아이에게 언제나 '있음'으로 영향을 미친다. 아빠가 어떤 모습이든지 말이다.

태영의 아버지는 태영이 중학교 때 집을 떠난 후, 성인이 될 때까지 연락이 닿지 않았다. 아버지가 없다는 사실 그 자체를 감당하기 힘들었던 그는 아버지의 부재를 메우기 위해 남들보다 더 노력했다. 결국 사회적으로 성공한 직업을 가지고, 안정된 가정을 꾸릴 수 있었다. 하지만 그는 여전히 아버지와 어린 시절에 함께

했던 추억을 이야기하면서 아버지가 그리워질 때마다 어린 시절의 기억을 되새기곤 한다.

호석은 놀라울 정도로 긍정적이다. 그것은 그의 아버지로부터 물려받은 것이다. 그의 아버지는 아이의 친구들을 불러 간식을 사주기도 하고, 재미있는 경험담을 들려주기도 했다. 유머 감각도 뛰어나, 친구들은 호석이 아버지가 들려 주는 이야기를 재미있게 듣곤 했다. 호석은 자신이 긍정적이고 밝은 성격을 갖게 된 것은 아버지 때문이라고 생각하면서 자신의 그런 성격을 자랑스러워했다.

세희의 아버지는 세희가 어렸을 때부터 사업 실패와 외도 등으로 가족들에게 큰 시련을 주었다. 그러다 세희가 고등학생이었을 때 뇌출혈로 쓰러지셨다. 그 후로 여러 합병증으로 이십여 년을 병상에 누워계셨다. 그녀는 아버지를 늘 원망했고, 아버지에 대한 애정이 없다고 자주 말했다. 그러던 어느 날 세희의 아버지가 위독하다는 연락을 받았다. 다행히 2주 정도의 시간 후에 큰 고비를 넘겼다. 세희는 2주 동안 거의 잠도 못 자고, 밥도 먹지 못 했다. 위독한 아버지에 대한 걱정 때문이었다.

태영, 호석, 세희의 아버지는 아이들에게 처음부터 지금까지 '있음'을 보여 준다. 그것이 긍정적이든, 부정적이든, 아이에게 아빠라는 존재는 아이의 삶을 설명하는 큰 부분을 차지한다. 아이가 삶에서 자신의 존재를 정의하고 방향을 설정하는 순간에 아빠의 존재는 큰 힘을 발휘한다. 그렇다면 아이에게 아빠는 언제 필요한 것일까? 그리고 아빠는 어떻게 존재해야 할까?

아빠가 함께하면 아이는 두려울 것이 없다

영화 〈인생은 아름다워〉는 2차 세계대전 당시 독일군이 침공한 이탈리아를 배경으로 한다. 유대인인 주인공 귀도는 아들 조수아와 함께 수용소에 끌려가게 된다. 그날은 아들 조수아의 생일날이었다. 귀도는 조수아가 겁을 먹을까 싶어 꾀를 낸다. 이 모든 상황을 1,000점을 먼저 획득하면 탱크를 받을 수 있는 게임이라고 설명한다. 독일군 장교의 말을 엉터리로 통역하거나, 우스꽝스러운 표정과 행동으로 아이에게 두려움이라는 감정을 느끼지 않게 하려고 애를 쓴다. 고된 육체노동과 정신적 고통 속에서도 귀도가 아들을 위해 미소와 희망을 지켜내려는 노력은 눈물겹다. 독일군의 총구가 겨눠진 채 걸어가는 순간에도, 그는 아이에게 한쪽 눈을 찡그려 윙크를 보내며 안도의 미소를 보낸다. 죽음이 다가온 마지막 순간까지 어린 아들의 얼굴에 웃음을 위해 우스꽝스러운 표정과 몸짓을 만들어 내는 귀도를 보면 가슴이 먹먹해진다.

"이것은 나의 이야기이며, 날 위해 희생한 아버지의 이야기이다. 이것은 아버지가 내게 남긴 귀한 선물이다."

영화의 마지막에 성인이 된 조수아가 하는 독백이다. 조수아가 말하는 아버지가 남긴 귀한 선물은 아름다운 인생일 것이다. 귀도가 비극적인 시간 속에서 아들을 지켜낸 것은 단순히 목숨만을 지켜낸 것이 아니다. 아들이 앞으로 살아갈 인생을 아름답게 사랑할 수 있도록 해 준 것이다. 홀로코스트의 참혹한 시간을 아버지에 대한 따뜻한 사랑으로 기억할 수 있다는 것은 참으로 놀라운 일이다. 아빠는 아이가 세상을 보는 방법을 알려 줄 수 있는 사람이다.

가수로 쌓아온 10년의 커리어를 뒤로 한 채 미국으로 건너간 이소은은 로스쿨에 입학하게 된다. 실로 영광스러운 결과였다. 하지만 열심히 노력해 입학한 로스쿨에서의 첫 번째 시험에서 그녀는 학년 꼴찌를 하게 된다. 펑펑 울고 있던 그녀는 아버지로부터 메일을 받았다.

"아빠는 네가 처음부터 잘할 거로 생각하지 않았다. 그러나 너는 시간이 조금 필요할 뿐이지 언젠가는 누구보다도 잘 해낼 것이라 믿는다. (중략) 아빠는 너의 전부를 사랑하지, 잘할 때의 너만 사랑하는 것은 아니다."

그녀가 자라는 동안 아빠에게 제일 많이 들었던 말은 "Forget about it! (잊어버려!)"이라고 한다. 살면서 여러 실망과 절망을 경험하는 딸에게 아빠는 중요한 것은 지나간 결과가 아니라 손에 쥐어진 현재의 시간이라는 것을 알려 주었다. 이소은은 아빠의 따뜻한 말들 덕분에 밖에서 어떤 일을 겪어도, 그 상처가 크게 다가오지 않았다고 한다.

BTS의 멤버 뷔의 아버지가 뷔에게 자주 했다고 알려진 말이 있다. 이 말은 BTS 멤버들에게도 자주 회자되며 슬로건처럼 간직하는 말이라고 한다.

"그 므시라꼬."('그게 뭐라고'의 경상도 사투리)

지금은 화려하지만, 세계적인 아티스트가 되는 과정에서 실패와 시련은 여러 번 있었을 것이다. 그때마다 귓가에 맴도는 아빠의 말이 주저앉은 아들을 다시 일어서게 했을 것이다.

아빠가 필요한 순간에 대해 한마디로 말한다면, '아이의 모든 순간'이다. 아이에게 아빠는 항상 필요하다. 아빠라는 존재, 아빠의 말, 아빠에 대한 정서는 아이가 살아가면서 힘을 얻는 원천이다. 아이가 삶에서 넘어졌을 때도 "얘야, 얼른 일어서렴." 하고 응원하는 목소리이다.

아이의 내면에서 울리는 아빠의 목소리는 엄마의 그것과는 다르다. 아빠의 '있음'은 아이의 '있음'과 늘 함께한다. 물리적으로 당장 함께할 수 없더라도 말이다.

퇴근 후 아빠의 육아 루틴

영국문화원은 설립 70주년을 맞아, 비영어권 102개국 4만 명을 대상으로 가장 아름다운 영어단어를 조사했다. 세계인들이 생각하는 가장 아름다운 영어 단어는 'Mother(어머니)'인 것으로 조사됐다. 두 번째 아름다운 단어는 'Father(아버지)'가 아니라, 'Passion(열정)'이었다. 그 뒤에 이어지는 순위의 단어는 Smile(미소), Love(사랑), Eternity(영원)이었다.

애석하게도 Father(아버지)는 무려 78위였다. 함께 아이를 키우는데, 'Father'는 왜 이런 수모를 당한 것일까? 왜 사람들에게 아빠라는 존재는 아름다움으로 기억되지 못 한 것일까? 그것은 아빠라는 존재가 아이의 삶, 일상에서 늘 한 걸음 떨어져 있기 때문이다. 서툴러서, 바빠서, 하기 싫어서. 조금 냉소적으로 말하면 아빠들이 자초한 성적표와도 같은 것이다.

아빠들은 그 나름의 합당한 이유를 들며 육아에 '덜' 참여한다. 아빠들은 아이의 일상에 대한 결정권과 수고를 상당 부분 엄마에

게 몰아 준다. 그것이 아빠의 권리를 넘겨 주는 것인 줄도 모르고
말이다.

수컷이 지켜내는 육아의 권리

지구에서 가장 추운 남극, 그곳에는 암컷과 수컷이 대등하게 육
아에 참여하는 황제펭귄이 살고 있다. 사람들이 보기에는 누가 암
컷이고, 누가 수컷인지 구분하기 힘들 정도로 육아에 동등하게 참
여한다고 한다.

암컷 황제펭귄은 하나의 알을 낳는다. 그리고 알을 수컷에게 맡
긴 뒤 사냥을 위해 바다로 떠난다.

수컷은 자기 발 위에 알을 조심스럽게 올려놓고, 자기 가죽으로
알을 덮어 따뜻하게 유지한다. 극한의 추위 속에서도 수컷 황제
펭귄은 꿈쩍도 하지 않는다. 움직이다 알을 떨어뜨리면, 순식간에
알이 얼어버리기 때문이다. 수컷 황제펭귄은 알이 부화하기 전까
지 눈을 먹으면서 수분을 보충할 뿐 약 90일 동안 아무것도 먹지
않고, 알을 지킨다.

6~7월 남극의 겨울이 오면 눈 폭풍이 황제펭귄들을 덮친다. 수
컷 황제펭귄들을 서로 몸을 더 밀접해 체온을 올리면서 추위로부
터 소중한 알을 지켜낸다. 그 후 65~75일 뒤 수컷의 헌신적인 노
력 끝에 마침내 새끼 황제펭귄이 부화한다. 90일 동안 아무것도
먹지 못한 수컷은 체중의 절반을 잃는다고 한다.

8월 정도가 되면 사냥을 마친 암컷이 돌아오고, 수컷과 교대한

다. 수컷은 사냥을 위해 바다로 떠나고, 암컷이 아기들을 돌본다. 이후 이어지는 여러 차례 교대 후 다 자란 펭귄은 독립하게 된다.

황제펭귄의 사회에서는 알을 낳는 순간부터 아빠도 엄마도 똑같이 육아에 참여한다. 그것은 새끼 펭귄이 성장해 독립할 때까지 이어진다.

갈매기도 양육을 공동의 책임으로 여기고, 반반씩 참여하는 동물이다. 생태학자 최재천 교수는 한 인터뷰에서 반반 육아를 강조하며 갈매기의 양육법에 대해 언급한 적이 있다.

"갈매기는 (둥지에) 번갈아 가며 앉아요. 암수가 시간을 재면 거의 똑같이 알을 품어요. 한때 미국 캘리포니아 지역에서 갈매기 부부의 이혼율이 3분의 1이었어요. 왜 이혼을 할까요. 갈매기가 둥지를 트고 알을 키울 때, 한 마리는 둥지에 있고 한 마리는 물고기를 잡아 오며 서로 교대해요. 그런데 이 교대 시간에 문제가 생기면 다음 해에는 다른 짝을 찾더라고요. 저놈이랑 내년에 또 애 키울 생각을 하니 끔찍하다는 뭐 이런 거죠."

갈매기는 암수 모두 양육이 자신의 권리라 생각하고, 빼앗기지 않으려 애를 쓴다. 갈매기는 자기 새끼를 키우는 일이 얼마나 소중한 일인지 알기 때문이다. 최재천 교수는 한마디 더 덧붙인다.

"동물로 태어나서 자기 새끼 키우는 일이 제일 재미있는 일이에요.

대한민국 아빠들은 당연히 주어진 권리를 빼앗긴 줄도 모르고 일벌레로 살고 있어요. 그러면 안 됩니다."

가정에서 소외되는 아버지, 돈만 벌어다 주면 그만이었던 지난 세대 아버지들의 전철을 밟지 않으려면 아이를 위한 시간을 확보해야 한다. 그것을 지켜내지 못 하면, 나이 든 아빠는 다 자란 아이들에게 연민의 대상이 될 뿐이다. 아이들의 신뢰와 애착의 대상인 엄마는 아빠들도 그것들을 함께 누릴 수 있도록 권리를 지켜 줘야 한다. 그들의 권리를 빼앗지 말아야 한다.

아빠의 육아 루틴 만들기

남편이 퇴근하고 돌아오면 대략 7시쯤 된다. 종일 일하고, 사람들을 상대하느라 지친 기색이 역력하다. 만약 독신남이었다면 집에 들어와서 그대로 소파에 철퍼덕 누워 쉬었을 것이다. 하지만 언제나 두 팔 벌려 뛰어오는 아이를 보고 그럴 순 없다. 아이 입장에서도 저녁 시간에만 만날 수 있는 아빠와 함께 무언가를 하고 싶어 한다.

하지만 식사시간을 제외하면 아이가 잠들기 전까지, 한 시간 반 정도의 시간밖에 주어지지 않는다. 나와 남편은 아이가 태어난 후, 이 짧은 시간에 어떻게 아이와 아빠가 교감을 나눌 것인지 이야기를 나누었다. 물론 주말을 쓸 수도 있지만, 특별한 이벤트가 아닌 일상을 함께하는 것이 중요하다고 생각했기 때문이다.

1. 퇴근 후 3분, 골든타임

아빠가 현관문을 열고 들어오는 순간은 아이가 아빠를 기다리다 만나는 설렘과 기쁨이 함께 터지는 순간이다. 그때 아이의 감정을 받아 주고, 몸으로 놀아 주면, 30분을 놀아 준 것과 같은 효과가 난다. 그래서 아무리 지치고 피곤해도, 아이와 아빠는 현관문을 들어서는 순간부터 3분간 격하게 논다. 아이는 얼른 포만감이 들어 만족한 얼굴로 아빠를 놔 준다.

2. 아빠와 함께하는 샤워 타임

아이가 신생아였을 때부터 아이를 씻기는 것은 남편이 주도하도록 했다. 아이를 안고 씻기기에는 나의 손목 상태가 좋지 않아서였기도 하지만, 아이는 커갈수록 아빠와 함께 씻는 것을 좋아했다. 함께 씻으며 하루 동안 있었던 일을 이야기하기도 하고, 거품으로 장난을 치기도 했다. 어느 순간부터인가 아이는 아빠와 씻는 것을 당연하게 생각했다. 수년이 지났을 때, 남편은 아빠로서 뚜렷한 자기의 역할이 있고, 그 시간이 누적되어 왔다는 것에 자부심을 느꼈다.

3. 아빠와 함께하는 잠자리 독서

『봄날의 햇살처럼 너를 사랑해』는 아이가 배 속에 있을 때부터 읽어주던 태교 동화이다. 입담 없는 남편은 배 속 아이에게 하고 싶은 말은 많았어도 막상 하는 건 쑥스러워 했다. 그래서 책을 읽어 주기 시작했다. 배 속에서부터 아빠의 책 읽는 소리를 들어서인지, 아이는 아빠가 책 읽어 주는 것을 좋아했다. 잠들기 전에 침대에 함께 누워 책을 읽고 이야기를 나누면, 말솜씨가 좋은 아빠가 아니라 해도 이야깃거리가 무궁무진해진다. 시간과 돈을 많이 들여 여행을 가지 않아도 아이는 아빠와 함께 밤마다 이야기 여행을 떠난다. 잠자리 독서만큼 아빠와 아이가 교감하기 쉬운 아이템은 없다.

퇴근한 아빠의 육아 루틴을 완수하도록 돕기 위해 엄마가 기억해야 할 몇 가지가 있다.

1. 막연한 기대는 접는다.

육아에서도 직장에서와 같이 분명한 업무분장이 필요하다. 막연하게 "이 정도는 하겠지." 라는 생각은 대실망을 부른다. 아빠에게 아이의 상황에 대한 구체적인 정보를 제공하고, 해야 할 일을 분명하게 전달해야 한다.

2. 아이를 돌보는 아빠를 전적으로 믿는다.

아빠는 아이를 돌본 경험이 아무래도 적다. 그러니 서툴 수밖에 없다. 서툰 것이 당연하다는 것을 기억하자. 보이는 것마다 잔소리를 한다면, 아빠는 소중한 권리를 쉽게 놔 버릴 것이다. 아빠를 못 믿는 순간, 엄마 육아의 강도는 올라간다.

3. 아빠에게는 아빠만의 스타일이 있다.

아빠의 육아 스타일을 존중할 필요가 있다. 엄마와는 다른 스타일이 아이를 유연하게 만들어 줄 것이고, 엄마도 아빠에게서 배울 점을 발견하게 된다.

4. 칭찬은 아빠를 춤추게 한다.

아빠가 아이를 위해 무언가를 할 때, "당연히 해야 할 일을 했네."라며 뒷짐을 지고 있으면 별 도움이 되지 않는다. 아빠도 아이들만큼 칭찬을 좋아하고 인정에 반응한다. 박수와 환호와 칭찬으로 아빠의 육아 효능감을 올려 줄 수 있다.

퇴근한 아빠의 육아 루틴을 만들고, 지켜 주는 것은 아빠들의 권리를 지켜 주는 것이다. 다 자란 아이 앞에 서게 될 아빠를 위한 것이다. 아빠와 많은 것들을 함께 한 아이들은 나이 든 아빠를 연민의 대상이 아닌 인간적인 대화의 상대로 생각하고 찾아올 것이다. 퇴근 하고 집에 돌아온 아빠의 육아 루틴을 만들어 보자!

슬기로운 육아 토론

어느 저녁, 감기 기운 때문에 머리도 아프고 목도 따가웠다. 집은 아이가 어질러 놓은 물건들로 너저분했고, 지난밤까지 열이 났던 아이는 한겨울에 얼음물을 먹겠다며 고집을 부리고 있었다. 아이를 달래다 생선을 뒤집고, 국에 파를 던져 넣고는 아이를 안았다. 그렇게 겨우 저녁을 차려놓았다. 하지만 먹을 힘이 나지 않았다.

남편이 퇴근했다. 그의 입은 웃고 있었지만 눈은 그렇지 않았다. 회사에서 안 좋은 일이 있었다는 것을 직감적으로 알 수 있었다. 남편과 아직 떼를 쓰고 있는 아이와 함께 식탁에 앉았다. 역시 저녁식사는 그리 편안하지 않았다. 서로를 위로하고자 한마디씩 던져 보았지만 아이를 챙기느라 대화는 이어지지 않았다. 자칫하면 서로의 부정적인 감정을 주고받을 수도 있겠다 싶어 입을 닫았다. 몸도 마음도 참 지쳤다. 아이가 잠들고 나서야 설거지를 하려고 싱크대 앞에 섰다. 남편은 말없이 스피커를 켰다.

"이제부터 웃음기 사라질 거야. 가파른 이 길을 좀 봐. 그래 오르기 전에 미소를 기억해 두자. 오랫동안 못 볼지 몰라."

플레이 리스트에 있던 〈오르막길〉. 나는 이 노래만큼은 원곡보다 가수 하림이 부르는 버전을 아주 좋아했었다. 노래가 시작되자마자 나는 눈물이 왈칵 쏟아졌다.

"완만했던 우리가 지나온 길엔 달콤한 사랑의 향기. 이제 끈적이는 땀, 거칠게 내쉬는 숨이 우리 유일한 대화일지 몰라."

노래를 들으며 생각했다. 내가 힘들었던 진짜 이유는 아이가 얼음물을 먹겠다고 떼를 써서가 아니었다. 몸이 힘들어서도 아니었다. 그날의 상황과 나의 감정을 보여 줄 수 없었기 때문이었다. 육아에 지친 나는 나의 상황과 감정을 공유하고, 공감 받고 싶었다. 아이가 아닌 어른에게. 그리고 같은 목표를 가진 이에게.

언제부턴가 우리의 대화는 하루의 일과에 관한 것과 아이에 관해 결정해야 할 일, 지친 몸과 마음에 대한 것이 전부였다. 모든 것이 서툰 초보 부모인 우리에게 최우선 순위는 아이가 되었고, 다른 것들은 소홀해졌다. 우리가 언제 제대로 생각과 마음을 나눴는지 기억나지 않았다.

36개월 미만의 아이를 키우는 부부의 이혼을 '신혼이혼'이라고 하는데, 전체 이혼 건수에서 신혼이혼의 비중이 가장 높다고 한다. 힘든 육아의 시간을 부부가 대화로 갈등을 잘 풀어낸다는 것이 힘들다는 의미일 것이다.

처음 아이를 낳아 키우기 시작할 때는 모든 것이 바뀐다. 매일 한계를 초월하는 경험을 하게 된다. 자유롭고, 재미있고, 달콤하기만 했던 시간은 완전히 바뀐다. 외출도, 외식도, 여행도 쉽지 않다. 책 한 권, 공연 한 편 보는 것도 버겁다. 여러 가지 변화 중에서도 본질적으로 문제가 되는 것은 바로 '대화'이다. 아이에게 하는 말, 현실적인 이야기, 하룻동안 지치고 쌓인 감정들. 어린아이를 키우는 부부에게는 이것이 유일한 대화일지도 모른다.

대화가 필요해

한 여자와 한 남자가 만나 어떻게 부부가 되었겠는가? 끊임없이 대화했기 때문이다. 그 많은 대화가 서로의 마음을 알게 하고, 사랑하게 되고, 세상에 없던 미래를 만든 것이다. 그렇게 부부가 된 이들에게 계속해서 필요한 것은 속 깊은 대화이다. 하지만 현실적으로도, 감정적으로도 어려워졌다. 속으로 상대가 변했다고 생각하며 속을 끓이거나 반복되는 말다툼으로 시간을 허비할 수도 있다. 그럴 때는 기억하자. 우리는 변화의 과정을 함께 지나고 있다는 것을. 이 시간을 거치며 우리는 아이도 키우며 함께 성장할 수 있다는 것을.

아이가 잠들고 나면 무엇을 하는가? 아이와 함께 잠이 들어버리거나 너무나도 지친 나머지 TV나 스마트폰을 멍하게 보고 있을 때가 많을 것이다. 힘이 조금 남아 있는 경우라면, 못다 한 집안일을 하거나 아이에게 필요한 물건을 고르고 있을지도 모른다. 좋다. 휴식도, 정리도, 쇼핑도 내일의 육아를 위해 필요한 일이다. 하지만 무엇보다 우선해서 해야 할 일이 있다. 육아 대화, 이름하여 '슬기로운 육아 토론'. 엄마와 아빠의 대화는 아이를 키우는 데 큰 힘을 발휘한다. 엄마와 아빠의 대화는 육아에 새로운 영감을 불러일으킨다.

슬기로운 대화를 위해 공유와 공감을 장착하라

BTS를 선두로 케이팝이 세계적으로 성공할 수 있었던 이유가 무엇이었는지 아는가? 이는 하버드 비즈니스 스쿨에서 연구논문이 나올 정도로 주목받는 주제이다. 이유는 바로 팬들과 '프로세스(과정)'를 공유했기 때문이다. 팀이 만들어지는 과정을 공유했고, 연습 과정을 공유했다. 팬들은 BTS의 곡을 커버해서 올리거나 댄스영상과 함께 코멘트를 달아 올리기도 했다. 더 나아가 멤버들의 생활 모습도 공개했다. 그래서 팬들은 그들이 무대에 선 모습뿐 아니라 취향과 생각, 삶의 철학까지도 알고, 그들의 노랫말이어떻게 쓰이게 됐는지를 이해하게 되었다. BTS가 만들어지고 활동하는 프로세스를 공유해서 팬들과 마음을 나누게 된 것이다.

바쁜 생활 속에서 엄마와 아빠, 아이는 모든 것을 함께할 수는 없다. 그래서 엄마와 아빠는 아이와 함께하고 아이를 관찰한 것들을 공유할 필요가 있다. 아이를 양육하는 과정, 아이에 대한 고민, 내 삶과 자아에 대한 고민, 아이를 키우는 동안 고민하고 시행착오를 겪는 과정을 서로에게 충분히 공유해야 한다. 많은 상황에서 아빠보다 엄마가 아이의 양육과 교육에 적극적이다. 하지만 "아빠는 바쁘니까, 피곤하니까, 아니면 엄마가 아이에 대해서 더 잘 알기 때문에"라며 한 걸음 뒤로 물러서게 해서는 안 된다. 그런 합리화는 엄마에게도 아빠에게도 아이에게도 득이 될 것이 없다.

엄마와 아빠가 함께 아이와의 시간을 공유하고, 서로의 생각을 나누어야 한다. 아빠와 엄마에게 육아는 공동의 목표이며, 함께하는 것이기 때문이다. 그것이 가능하다면? "That's all!" 둘의 목표는 거의 성공이다.

"모든 관계가 노동이에요. 날 추앙해요. 가득 채워지게."

큰 인기를 얻었던 드라마 〈나의 해방일지〉에서 주인공 염미정은 피상적인 관계에 지치고, 상처받은 인물이다. 염미정은 낯선 인물인 구 씨에게 요청한다. 말조차 낯선 '추앙'. 그런데 이 말이 많은 이들의 마음에 박혔고, 드라마는 큰 인기를 얻었다. 무엇이 사람들의 마음을 움직였을까? 많은 이들이 관계와 대화에서 주인공 염미정의 마음과 같은 마음이었기 때문이었을 것이다. 온전히 이해받고 싶었기 때문이다. 상처를 남기는 대화가 아니라 있는 그대로 수용되고, 존재를 인정받고 싶었기 때문이다.

아이를 돌보는 일상은 때론 몸과 마음을 지치게 만든다. 그리고 외롭다. 계획대로 되지 않는 하루와 쌓여가는 집안일이, 허공으로 흩어져버린 것 같은 나의 경력이, 그리고 마음대로 되지 않는 아이가 깊은 무력감을 주는 날이 많다. 눈물이 주르륵 흐를 때도 있다. 하지만 그것을 다른 누군가와 온전히 공유하기는 쉽지 않다. 그때 필요한 것은 그 어떤 해결책도 아닌 공감이다. 공감은 육아라는 공동 목표를 가진 최고의 동지인 엄마와 아빠 사이에 반드시 필요하다. 그러니 서로의 이야기를 그 어떤 편견도, 부정도 없이 그저 들어 주어야 한다. 그리고 상대가 오늘 어떤 하루를 보냈는지 충분히 이해해 주고 공감해 주어야 한다. 편안하게 눈을 맞추면서 나의 하루를 공유할 수 있는 것, 그것 하나만으로도 육아의 고단함은 사라지고, 내일 하루 아이를 돌볼 힘을 얻게 된다.

슬기로운 대화를 위해 기억해야 할 몇 가지

몇 가지 마음가짐을 준비한다면 우리의 대화는 물 흐르듯 자연스러울 것이며, 안아 주듯 따뜻할 것이다.

1. "아, 그래서 그랬구나!" 우선 모든 것을 인정하자.

이것은 무조건적 지지와 옹호가 아니다. 상대방의 상황과 감정을 직면해 보고, 지금 느끼고 있는 감정을 있는 그대로 수용하는 것이다. "대체 왜 그렇게 생각하는 거야?"라며 감정에 대해 죄책감을 부여해서는 안 된다. 또한 대화의 시작부터 당장 해결책이 필요하지는 않다는 것도 기억해야 한다. 상대가 감정적으로 이해받고 싶은 마음을 가지고 있을 때 해결책에 대한 이야기부터 꺼낸다면 대화는 제대로 이어지지 않는다. 상대에게 지금 필요한 것은 해결책이 아니다.

2. 우리 목적지는 같은 곳이다.

슬기로운 대화는 내 생각을 고집하는 것이 아니다. 대화는 나를 포함한 가족 모두를 성장시키는 방향을 향해야 한다. 우리는 지금 함께 산을 오르고 있다는 것을 잊으면 안 된다. 함께 길을 찾고, 서로를 격려하며, 정상에 올라야 한다.

3. 과정은 언제나 달콤한 게 좋다.

우리가 대화하는 곳은 회사도 아니고, 협상 테이블도 아니다. 연애하던 시절을 떠올려 보자. 날카로운 관점과 수려한 언변으로 사랑을 속삭였던가? 말도 안 되는 이야기도 달콤하게 말하고 들리던 그때의 대화였다. 연인에서 부부가 된 이들이 대화할 때 필요한 것은 서로를 기분 좋게 만드는 부드러운 대화의 분위기이다.

아이를 키우는 것은 엄마와 아빠 모두에게 삶이 뒤엎어지는 것 같은 경험을 준다. 다양한 한계를 경험하게 된다. 이 격한 변화의 시간을 슬기롭게 극복하기 위한 방법은 바로 서로에 대한 이해와 공감을 바탕으로 대화하는 것이다. 육아에 관한 이야기로 시작하지만 그것은 아이와 부부, 나아가 가족 전체의 성장을 이끌어낼 것이다. 매일 밤 대화하라. 슬기로운 연인들처럼!

친애하는 나의 동지에게

허영과 조급함은 사랑을 가린다

"정말 아름답군요!"

"그렇죠? 난 해님과 같은 시간에 태어났어요."

어린왕자의 소행성에는 특별한 장미가 있었다. 어디선가 날아온 씨앗에서 깨어난 장미는 특별한 아름다움으로 어린왕자의 마음을 사로잡았다. 늘 아름답다고 감탄하고, 그 꽃을 사랑하게 되었다. 하지만 그 꽃은 멋을 많이 부렸고, 꽤나 까다로웠다. 어린왕자에게 물을 뿌려달라거나 덮개를 씌워달라고 한다. 거짓말을 하거나 동정심을 유발하기도 한다. 거기에 더해 가시 돋친 말들을 뱉어내기도 한다. 꽃의 그런 행동은 허영과 사랑받고 싶은 마음에서 비롯된 것이었다.

하지만 어린왕자는 꽃을 좋아했고, 꽃을 위해 많은 노력을 기울었다. 그렇지만 시간이 지나면서 어린왕자도 지쳐갔다. 더 이상 꽃을 믿지 못 하는 마음이 점점 커졌다. 그리고 꽃이 하는 말들이 좋게 생각되지 않자 몹시 불행해지기 시작했다. 결국 어린왕자는 꽃이 있는 자기의 별을 떠나기로 결심했다.

"난 정말 당신을 사랑했어요. 당신은 내 마음을 전혀 몰랐죠. 내 잘못이에요. 하지만 당신도 나처럼 어리석었어요. 부디 행복하세요."

꽃은 어린왕자가 별을 떠날 때야 비로소 자신의 속마음을 이야기한다. 훗날, 어린왕자 역시 꽃의 마음이 아닌 행동만을 보았던 것을 후회한다. 꽃과 어린왕자는 허영심과 조급함으로 행동에 가려진 따뜻한 사랑의 마음을 보지 못한 것이다.

어린왕자와 꽃의 모습은 부부의 모습과 많이 닮아 있다. 실제로 어린왕자와 장미의 이야기는 생텍쥐페리와 그의 아내 콘수엘로의 이야기라고도 알려져 있다. 별거와 다시 만남을 반복했던 둘의 결혼생활은 매우 불안정했다. 유명작가였던 생텍쥐페리의 주변에 많은 여성들이 있었던 게 이유였다. 까칠하면서도 정열적인 예술가인 콘수엘로는 그런 상황을 보고 참을 수 없었을 것이다.

하지만 둘은 서로를 사랑했다. 조종사이기도 했던 생텍쥐페리는 추락사고로 생을 마치게 되었는데, 후에 바다에서 어부들이 콘수엘로의 이름이 새겨진 팔찌를 건져 올렸다고 한다. 생텍쥐페리는 마지막까지 아내를 그리워했던 것이다.

부부 사이는 서로를 사랑하면서도 지금 상대의 입에서 나오는 말과 행동만으로 오해하고 다투는 경우가 많다. 한창 아이를 키울 때는 몸도 바쁘고, 마음의 여유도 크지 않은 때라서 사소한 갈등도 더 크게 불거지기가 쉽다. 아이 키우는 것만도 벅찬데, 거기에 직장에서의 스트레스가 더해진다. 결혼으로 만들어진 관계에서 오는 일들까지 더해질 때는 버겁기까지 하다. 독박육아가 이어지거나 아이가 아파 며칠 밤을 뜬눈으로 지새우고 나면 예쁜 목소리로 대화가 이어지지 않는 것은 당연하다.

하지만 좋은 말이 나가지 않는 순간이라 하더라도 중요한 것을 놓치지는 말아야 한다. 언제나 상대가 원하는 것이 무엇인지, 의도하는 것이 무엇인지를 사려깊게 생각해볼 필요가 있다. 어린왕자와 꽃, 생텍쥐페리와 콘수엘로의 모습에서 우리가 흔하게 저지르고 있는 모습들을 볼 수 있지 않은가.

우리만의 솔루션을 찾아야 한다

요즘 TV 프로그램에는 육아와 부부관계에 대한 솔루션이 넘쳐난다. 출연한 사람들의 실생활의 육아와 그 안에서 생기는 부부 사이의 문제들을 보여 주고, 문제점을 지적한다. 육아와 부부 문제를 다루는 프로그램이 자주 보이는 것은 많은 엄마와 아빠들이 어려움을 느끼고, 해결책을 찾고 싶어 하기 때문일 것이다.

하지만 "엄마와 아빠가 이렇게 해야 아이가 잘 성장할 수 있습니다." 라는 판에 박힌 메시지로 마무리되는 프로그램들은 때론 피로감을 준다. 과연 전문가를 찾아가 솔루션을 얻어야만 어려움을 해결할 수 있을까? 자연스러운 시행착오를 받아들이고, 돌아볼 여유가 없기 때문은 아닐까? 출연한 사람들을 보며 없던 죄책감을 만들어 내기도 하고, 실천하기 어려운 행동강령 만들기를 반복하기도 한다.

하지만 우리의 육아와 부부의 문제를 좀 더 투명하고 진솔하게 바라볼 필요가 있다. 그리고 자연스러운 시행착오를 부끄러워할 필요도 없다. 육아와 부부관계에 필요한 것은 다른 가족이 살아가는 방법을 따라 하는 것은 아닐 테다. 엄마와 아빠, 아이의 관계에 대한 좀 더 깊은 사유와 시선을 가지는 것이 더 중요하다.

있는 그대로의 모습을 볼 수 있다면

"이 그림이 무섭지 않나요?"

"모자가 왜 무섭니?"

『어린왕자』를 펼치면 앞부분에 큰 모자처럼 생긴 그림이 나온다. 사실 그 그림은 모자가 아니라 코끼리를 소화시키고 있는 보아뱀이다.

우리는 많은 경우에 '있는 그대로'가 아니라 '보고 싶은 대로' 본다. 부부관계에서 특히, 그런 경우가 많다. 아이나 나와 관련한 감정을 투사해 상대를 왜곡해서 바라보는 것은 절대 하지 말아야 할 일이다. 있는 그대로 천천히 보아야 한다.

우리가 바라봐야 할 것은 이상적인 부부, 만점짜리 부모가 아니다. 있는 그대로의 부부, 날것의 엄마와 아빠이다. 그리고 있는 그대로를 마음으로 인정하는 것이 먼저이다. 어딘가 부족해도, 마음에 들지 않을 때도 서로를 사랑하고, 사랑받고 싶은 마음은 부정할 수가 없지 않은가? 상대가 가진 진짜 마음을 볼 수 있어야 한다.

세상에서 가장 완벽한 트라이앵글

어느 봄날, 작은 농가에는 노란 햇살이 내리쬐고 있다. 밭에서 일하고 있던 아빠는 엄마가 데리고 나온 아이를 보고는 얼른 두 팔을 벌린다. 아이의 눈높이를 맞추기 위해 기꺼이 무릎을 굽힌다. 엄마는 아이가 넘어질까 뒤에서 손으로 아이를 받치며 함께 걷는다. 그때 내딛는 아이의 첫걸음. 귀여운 아기의 첫걸음마는 아빠와 엄마의 마음에 눈물이 핑 도는 기쁨으로 번져나간다.

빈센트 반 고흐의 〈첫걸음마〉는 보는 이의 마음마저 노란 햇살 같은 기쁨으로 잠시 멈추게 만드는 작품이다. 첫걸음을 떼던 순간, 처음 엄마 아빠를 말하던 순간, 아이가 처음으로 주었던 그림 편지…. 그 어떤 것도 소중하지 않은 것이 없다. 아이라는 존재가 주는 기쁨은 신이 준 선물이다. 그리고 그 기쁨을 공유할 수 있는 엄마와 아빠는 그 선물을 함께 풀어보는 사이이다.

엘리베이터에서 만나는 이웃들(아이들이 장성했을 것으로 생각되는)은 어린아이를 데리고 유모차와 짐 가방들을 들고 있는 우리를 보며 말하곤 한다.

"힘들었지만 그때(아이가 어릴 때)가 가장 행복했었던 것 같아요."

푸석푸석 지쳐 있고, 체력은 늘 방전된 상태이고, 경제적으로 풍족하지도 않으며, 이런 저런 고민들을 가지고 있는 때이다.

하지만 그 시간을 모두 보낸 선배들은 그 때가 얼마나 좋은 시간이었는지를 말한다. 많은 사람이 왜 그렇게 말할까를 생각해 보았다. 그것은 존재 자체로 반짝반짝 빛이 나는 아이 때문이다. 엘리베이터에서 처음 만나는 사람의 얼굴에도 순식간에 미소를 만들어내는 존재, 그리고 그런 아이를 위해 엄마와 아빠가 많은 것들을 함께하는 시기이기 때문이다.

아이는 엄마 아빠가 변덕을 부려도, 언성을 높이며 이야기해도, 좋은 차를 타지 않아도, 외모를 꾸미지 않아도 엄마와 아빠를 사랑한다. 언제라도 달려와 품에 안겨 볼을 비빈다. 그리고 엄마와 아빠는 그 귀하고 값진 아이를 공유한다. 서로에 대한 사랑으로 비롯된 더 큰 사랑이 엄마와 아빠와 아이를 이어주고 있다. 이보다 완벽한 트라이앵글을 세상 어디에서 찾을 수 있겠는가?

힘겹게만 느껴지는 이 일상에서 어느 지점이 반짝이는 부분인지 함께 찾아보자. 그리고 잊지 말자. 가끔은 피폐하게 느껴지는 이 시간이 다시는 돌아올 수 없는 빛나는 순간임을.

"완전히 이해할 수는 없지만 온전히 사랑할 수는 있다."

영화 〈흐르는 강물처럼〉의 대사이다. 세상의 모든 것들은 흐르는 강물처럼 흐르고 또 흘러서 결국은 바다에서 만난다. 현재 상황과 내 앞의 상대를 완전히 이해할 수는 없지만 그 이해되지 않는 지점과 이해하지 못 하는 나를 사랑하는 것, 그것이 순리이고 바다처럼 넓어지는 길이다. 바다를 향해 흘러 가는 이 길에, 소중한 육아 동지인 남편에게 온전한 사랑의 말을 전해 보자.

'친애하는 나의 동지에게….'

PART 6

엄마가 빛나야
아이도 빛난다

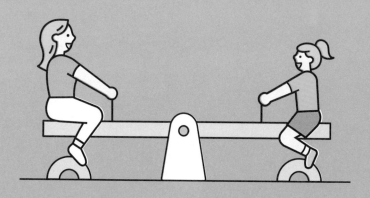

나무늘보가 치타가 되기까지

인생에서 내가 움직이던 관성이 무참히 깨지는 순간을 마주할 때가 있을 것이다. 엄마가 되는 순간이 그때가 아닐까 한다. 이 방향이 맞다고 생각하며 살아왔는데 급브레이크를 밟으며 멈춰서야 하는 순간, 나의 많은 것들이 뒤바뀌는 시간.

노끈으로 톱질을 해도 나무는 잘리고, 물방울이 떨어져 돌에 구멍을 뚫는 법이다. 노끈이나 물방울도 그러한데, 아이라는 엄청난 존재가 엄마의 인생에 들어왔다. 그 사실은 엄마의 모습을 변화시킬 수밖에 없음을 의미한다.

엄마라는 이름은 그냥 얻어지는 것이 아님을

라이오넬 슈라이버의 소설 『케빈에 대하여』는 주인공인 에바가 남편인 프랭클린에게 쓴 편지들로 이야기를 풀어간다. 편지에는 에바의 일상과 프랭클린과의 만남, 아이를 임신하고 육아하는 이야기들이 쓰여 있다.

잘나가는 여행작가인 에바는 일 중독자였고, 아기 갖는 것을 극도로 두려워한다. 반면에 프랭클린은 부부의 사랑을 완성해 줄 아이를 원한다. 프랭클린의 끈질긴 설득에 마침내 에바도 임신을 결심하게 되지만 엄마가 될 준비가 전혀 없었던 그녀는 임신을 하면서 신체적, 정신적으로 큰 혼란을 겪는다.

그렇게 낳은 아이인 케빈은 갓난아기 때부터 평범하지 않다. 케빈은 아주 어릴 때부터 자신이 유리한 쪽으로 상황을 이끌기 위해 감정 연기를 하는 등 소시오패스의 징후를 보였고, 이런 케빈을 돌보며 에바는 파김치처럼 지쳐간다.

하지만 하루 종일 에바를 지치게 했던 케빈은 프랭클린이 퇴근해서 들어오면 세상 얌전한 아이로 변신한다. 그리고 그런 케빈의 모습을 보며 에바는 두려움을 느끼게 된다. 케빈은 태생적 소시오패스였던 것이다.

케빈의 소시오패스 증상은 나이가 들수록 교묘해지고, 에바는 미칠 것 같은 상황에 놓이지만 부모와 자식이라는 사회적 의무감으로 버틴다. 그러다 둘째 아이 셸리아를 낳고 잠시나마 행복한 날들을 지낸다.

케빈은 잠시 누릴 수 있었던 이 행복을 가만히 두지 않는다. 케빈의 소시오패스적인 면모는 가히 상상을 뛰어넘는 것이었고, 결국 케빈은 학교에서 총기난사 범죄를 일으킨다.

사건 이후, 그제야 에바는 케빈을 진심으로 이해하고 싶어 한다. 그래서 남편에게 편지를 쓰면서 과거를 샅샅이 뒤져보는 작업을 하게 된다. 그 어딘가에 미처 알아채지 못한 실수가 있지는 않았을까 하고 말이다.

에바는 그것이 누군가의 실수나 잘못으로 비롯된 것이 아니라는 것을 알게 되었다. 그리고 그녀가 알게 된 중요한 사실은 그녀 자신이 세상에 하나뿐인 케빈의 엄마라는 것이었다. 그녀는 상상하기도 싫은 일을 저지른 케빈을 이해하려고 노력하는 유일한 한 사람이 되었고, 그렇게 그녀는 엄마가 되었다.

『케빈에 대하여』는 소설로도 극찬을 받았고, 후에 영화로도 만들어져 화제를 모았다. 모성이란 것이 얼마나 무겁고 어려운 것인지 많은 이들이 공감했기 때문일 것이다. 『케빈에 대하여』는 엄마라는 이름은 그냥 얻어지는 것이 아니라는 것을 다시 한번 생각하게 한다.

육아는 해피 이벤트 일까

"그 애는 내 삶을 뒤흔들어 놓았다. 그 애는 나를 꼼짝 못 하게 몰아세웠고, 내 모든 한계를 넘어서게 했다. 그 애 때문에 나는 절대성과 직면했다. 절대적 포기, 절대적 애정, 절대적 희생과 맞닥뜨렸다. 레아는 나를 붕괴시켰고, 나를 낳았다. 나는 그 애의 딸이었다. 그때부터 나는 그 애의 피조물이었다."

육아는 사랑에 대한 환상이 현실로 바뀌는 큰 지점이다. 프랑스 영화 〈해피 이벤트〉는 그 지점을 가감 없이 보여 준다. 아이를 키운다면 부닥치게 될 흔한 과정을 그리고 있지만, 그 과정이 엄마의 인생에 어떤 파급을 미치는지 보여 준다. 육아 영화이지만 다큐멘터리를 방불케 할 정도로 현실적이다.

주인공 바바라는 교수 임용을 앞둔 유망한 철학도이다. 영화는 사랑에 빠지고, 임신을 하고, 부모가 되는 과정을 촘촘하게 보여 준다. 바바라는 임신으로 인해 몸이 급변하고, 호르몬으로 인해 기분의 변화도 경험한다. 난감하지만 여기까지도 나름 견딜 만은 해 보였다. 하지만 바로 몰아쳐 오는 육아라는 현실은 모든 상황을 뒤집어엎어 버렸다. 밤낮으로 쉴 틈 없는 하루와 산후우울증은 바바라를 둘러싼 세계를 바꿔버렸다. 교수 임용은 물 건너 가고, 세상 애틋했던 부부의 관계까지 무너지게 되었다.

이 영화에는 '극적 사건'이 등장하지 않는다. 그저 아이를 키우는 일만으로도 극적인 삶의 변화와 갈등이 일어난다. 한 번도 경험해 보지 않은 육아라는 상황을 겪는 주인공의 미숙함과 내적 갈등은 우리의 모습과 다를 바가 없다. 아이를 키우는 엄마라면 흔히 겪는 과정 자체가 얼마나 커다란 변화인지를 볼 수 있다.

한때 프랑스 육아법이 유행했던 때가 있었다. 여러 육아서와 다큐멘터리에서 소개하는 프랑스식 육아를 보면서 프랑스 엄마들은 여유롭고, 우아하게 아이를 키운다는 생각이 들었다. 하지만 사실 현실 육아는 세상 어디에서나 마찬가지다. 아이를 키운다는 것은 말로 다 할 수 없는 변화를 겪는 것이다.

난 원래 치타였을지도 모른다

나는 잠이 무척이나 많은 편이다. 살면서 '내가 잠을 조금 줄였더라면, 굵직한 업적 하나쯤 가지지 않았을까?' 하는 생각이 들 정도이다. 아이를 낳기 전에 나는 부지런히 일어나 '미라클 모닝'을 맞이하는 것은 생각해 본 적도 없었다. 주말 중 반나절 정도는 아무것도 하지 않고 이불 속에서 꼼짝하지 않고 누워 있는 걸 즐겼다. 그래야 일주일을 최상의 컨디션으로 지낼 수 있었다. 마치 나무늘보처럼….

그런 나에게서 아침형 인간이 태어났다. 아이는 한결같이 6시 30분이면 눈을 떠 하루를 시작한다. 주말도 예외는 없다. "엄마, 배고파요.", "엄마, 이건 뭐야?"로 시작되는 아이의 기상 신호는 나를 침대에 머물게 내버려 두지 않는다. 이른 아침을 먹고 그림책을 읽어주는, 생각지도 않았던 미라클 모닝을 몇 년째 실천 중이다.

나는 맛집 앞에서 줄을 서거나, 광클릭으로 티케팅을 하거나, 한정판을 사려고 오픈런을 하거나 하는 것들에 무관심한 사람이었다. 서둘러 움직인다는 것은 나의 여유와 휴식과 맞바꾸는 것으로 생각했다. 그것들이 나에게 불필요했기 때문이기도 했을 것이다. 온라인으로 쇼핑을 하다가도 장바구니에 담아 두고 잊은 채로 품절이 되어버리는 일도 많았다. 그런 나에게 남편은 '프로 품절러'라는 별명을 지어 주기도 했다. 그런데 아이를 키우기 시작했더니 그런 나의 습성을 간직할 수 없었다. 학기 초에는 어린이집 준비물을 미리 준비해 두지 않으면 디자인이 예쁘지 않은 물건을 사야만 했고, 광클릭을 하지 않으면 인기 있는 문화센터 강좌를 놓칠 수밖에 없는 일이었다. 이제는 아이와 관련한 일은 알게 되었을 때 바로 처리하는 습성이 생겨 버린 듯하다. 클릭도 너무 빠르다.

오후에 아이가 유치원에서 돌아오면 아이 간식을 준비하며, 아이의 끝없는 질문에 성심껏 답을 하고, 머릿속 서랍마다 오늘과 내일, 이번 주에 있을 스케줄들이 동시에 돌아간다. 종종 놀란다, 나의 멀티태스킹 능력과 치타처럼 빠른 반응속도에. 지금껏 몰랐지만, 나는 원래 이런 사람이 아니었을까 하는 생각까지 든다.

나무늘보는 시간이 흘러 치타가 되었다. 하지만 그렇게 외적으로 변화하는 동안 내면의 나는 더 단단해지고, 노련해졌다. 엄마가 되어 겪는 많은 변화가 받아들이기 어려울 때도 있고, 때로는 서글프기도 하다. 그러나 모든 변화는 긍정적이다. 상황과 시기에 맞는 나의 적응력을 칭찬한다. 그리고 중요한 것은 나의 내면과 내가 추구하는 이상과 꿈은 바뀌지 않았다는 것이다.

내 모습을 잃게 될까봐 불안해 하거나 걱정할 필요는 없다. 아이를 낳기 전이나 지금이나 한결같이 나의 갈 길로 꾸준히 걸어가고 있었다는 것을 인정해 주자. 아이를 만나 오후 일과를 시작하기 전에 창가에서 햇살과 바람을 맞으며 잠시 서 있어 보자. 그리고 생각해 보자. 나의 내면의 진짜 모습에 대해, 내가 걸어가는 방향에 대해. 그리고 오늘 하루 모든 시간을 통해 담담하고 온화하길 바라본다. 늘 변화하는 나와 내 삶에 대해 더 친절하고 부드러워지길 바란다. 아이가 거실 바닥에 우유를 쏟아 대환장 파티를 벌이는 중이라 하더라도.

비록 큰불이 쇠를 녹여도 맑은 바람처럼 담담해야 하며,
된서리가 만물을 죽여도 화창한 날씨처럼 온화해야 한다.
_ 채근담

육아는 육아다

　어린 시절에는 '장래 희망'을 주제로 그림을 그릴 일이 많았다. 그 그림에는 선생님이나 과학자, 디자이너나 의사처럼 오직 어떤 특정한 직업을 가진 나의 모습이 그려져 있었다. 어떻게 살 것인가에 대한 고민을 하기에는 어린 나이였지만 사실 그 이후에도 어떻게 살 것인가보다는 무엇을 하며 살 것인가에 관한 생각이 더 많았던 것이 사실이다. 그러다 시간은 흘러 일을 하고, 결혼을 하고, 아이를 낳았다.

　인생에 있어 어느 때인들 그렇지 않겠는가마는 아이를 키우는 이 시간이야말로 크고 중요한 선택들이 계속해서 이어지는 시기이다. 나 하나만 챙기면 되던 시절과 달리 여린 생명체 하나를 돌보는 막중한 책임이 더해져 있기 때문이다. 해야 할 일도 많고, 사건 사고도 많고, 여러 관계들을 유지하기 위해 노력해야 할 많은 것들이 있다. 하지만 마음은 번잡하고, 어린 시절 그렸던 꿈도, 아이를 키우는 것도, 무엇하나 제대로 하는 것 없이 어설퍼 보인다. 앞날을 뚜렷하게 내다볼 수도 없다. 그래도 지금이 지나면 더 늦어질 것 같아 가만히 있을 수는 없다. 매번 다시 마음을 다잡고 제대로 해보려고 하지만 아이가 다리에 매달려 "엄마!"를 부르고 있다.

낯섦, 책임감, 두려움, 높은 강도의 육체노동… 이런 무게감에서 엄마는 자괴감이 들기도 하고, 마음 저 깊은 곳에 있는 온갖 감정들과 마주하게 된다. 이제는 언제까지나 로맨틱할 것만 같았던 결혼생활이 '진짜 현실'로 다가온다. 눈을 똑바로 뜨고 현실과 직면할 시간이다. 꿈도 허상도 아닌 리얼한 현실과 직면하고 있는 이 시간이야말로 나를 제대로 키워낼 수 있는 기회이기도 하다. 지금까지 제대로 마주해 보지 않았던 진정한 '나'를 마주하고 있는 오늘은 '찐 성장'의 기회다.

이대로 끌려가는 것처럼 육아의 고단함 속에 매몰될 것인가, 자신을 성장시킬 기회로 삼을 것인가? 선택은 엄마의 몫이다. 아이는 시간이 흐르면 자라난다. 아이를 키우는 시간에 이름을 붙이고 의미를 부여하면, 그 시간은 걸림돌이 아니라 디딤돌이 될 것이다. 그 디딤돌은 크고 단단해서 나를 키워내기에 충분하다. 이제 제대로 기회가 온 것이다. 이것은 직업적 성취일 수도 있고, 내면의 그릇을 키우는 일일 수도 있다. 혹은 그 둘 다일 수도 있다. 아이를 기르며 나를 키울 기회, 지금까지 그려온 나의 삶을, 그것의 방향을 재설정할 때가 온 것이다. 엄마로 사는 이 시간을 어떻게 살 것인지.

새로운 것을 만나는 것, 변화하는 것이 삶이다

프랑스 작가, 에르베 르 텔리에^{Herve Le Tellier}의 소설 『아노말리』에
는 얼마 전 사랑을 시작한 커플, 앙드레와 뤼시가 등장한다. 뤼시
는 저녁식사 모임에 초대되어 앙드레의 집에 가게 된다. 건축가인
앙드레의 집은 너무도 깔끔했다. 넓은 공간과 세련된 인테리어에
다 고급스러운 가구와 많은 책이 어우러져 있었다.

실내를 돌아보던 뤼시의 시선에 책장 선반 한쪽에 놓인 원색의
미키마우스 석고상에 머문다. 그것은 전체적인 분위기와는 전혀
어울리지 않는 키치^{kitsch}한 장식품이었다. 뤼시는 그 석고상을 요
리조리 돌려보며 놀라워 한다. 그때 앙드레가 말한다.

"On ne s'habitue pas au laid
우리는 추함에 익숙해지지 않는다.
C'est de la vie
그것이 바로 삶이다.
De la vie moche, mais de la vie
못생긴 생명이지만, 그래도 살아 있다."

그날 모임 내내 뤼시의 시선은 그 '흉물스러운' 장식품으로부터
벗어나지 못 한다. 그리고는 앞으로 앙드레와 함께하는 시간이 행

복할 것 같다고 생각한다.

우리는 다른 것, 급변하는 것을 부정적으로 인식하는 경향이 있다. 그리고 내 삶에 부정적인 것이 섞일 때 우선 힘들어 한다. 사실 현실의 변화, 나의 모습과는 다른 새로운 모습을 긍정하기란 쉽지 않다.

아이를 키우면, 많은 것들이 이전과는 다른 모습이다. 힐을 신고, 작은 가방을 들었던 나의 모습과 아기 띠를 두르고 커다란 기저귀 가방을 든 나의 모습은 너무나도 이질적이다. 하지만 두 개의 가방 모두 다 내 것이었다. 열정 가득한 눈빛과 목소리로 프리젠테이션을 하던 나의 모습과 초췌한 모습으로 "노는 게 제일 좋아."라며 뽀로로 흉내를 내는 것도 나의 모습이다.

하지만 그것은 추한 것도 부끄러운 것도 아니고, 영원한 것도 아니다. 삶에서 만나는 새로운 모습일 뿐이다. 삶을 관통하며 나는 다양한 모습으로 살아간다. 그것이 바로 삶이다. 우리는 육아라는 역동과 함께 살고, 기르고, 배우고 있다. 살아 있고, 변화하는 나의 모든 모습을 바라보자.

내 안에 있는 나의 길을 찾아서

애니메이션 〈겨울왕국2〉에서 엘사와 안나는 아렌델 왕국에서 행복한 나날을 보내고 있다. 어느 날부턴가 엘사의 귀에만 의문의 목소리가 들리기 시작한다. 엘사는 직감적으로 자신을 부르는 소리라는 것을 알지만 선뜻 나서지 못 한다. 두려움으로 애써 회피하지만 결국 마법으로 정령들(바람, 물, 불, 땅)을 깨우게 된다. 엘사의 힘으로 깨어난 정령들은 아렌델 왕국을 공격한다. 아렌델 사람들은 위험에 처한다. 엘사는 의문의 목소리와 정령이 연관되어 있음을 느끼고, 어렸을 적 부모님이 말했던 마법의 숲으로 여행을 떠난다. 그곳에서 엘사는 자신이 항상 알고 있었고, 항상 들었고, 항상 느끼고 있었던 내면의 비밀에 대해 알게 된다. 그리고 새로운 모습으로 다시 태어난다. 엘사는 이제 동생인 안나에게 여왕의 자리를 맡기고, 자신은 마법의 숲에서 모든 것을 이어주는 다섯 번째 정령으로 살아가게 된다. 그녀는 자신이 가야 할 곳의 주파수를 찾아 깊이 고민하고 부딪힌다. 그리고 삶의 방향을 다시 설정하고, 제대로 성장하는 것이다.

아이를 키우는 엄마는 아이에 대한 본능적이며 놀라운 집중력을 가지게 된다. 다른 사람과 대화하면서도 아이에게서 눈을 떼지 않는다. 아직 말도 못 하는 아이가 불편해 하는 것을 순식간에 알아차린다. 아이에게만큼은 그렇게 고도의 집중력을 발휘한다. 하지만 아이에게만 몰입해 엄마 내면의 목소리를 듣지 못 한다면 그것은 반쪽짜리 시간이다. 육아育兒는 육아育我이기 때문이다.

아이를 키우는 시간이 엄마에 대해 제대로 바라볼 시간이라는 것을 기억하고, 내면의 목소리를 들어보자. 아이를 키우는 시간에 내가 해야 할 일, 내가 가야 할 길은 어디인지 바라보자. 엄마에게 육아는 엘사의 마법의 숲과 같다. 이곳에서 엄마가 알고 있었고, 들어왔으며, 느끼고 있었던 것들이 선명하게 떠오르는 경험을 할 수 있다. 그것은 아이를 키워내는 솔직하고, 근본적이고, 가장 인간다운 일을 하는 순간이기 때문이다. 아이를 이해하며 나를 이해하고, 아이를 키우며 나를 키울 수 있다. 아이의 삶과 나의 삶은 그렇게 맞닿아 있다.

You are the one you've been waiting for
네가 그토록 기다려 왔던 사람이 바로 너야

엘사의 격정적인 목소리로 〈Show yourself〉를 들으면 마음속의 뜨거운 무언가가 느껴진다. 나의 소명과 내가 합치되는 순간에 비로소 알게 될 것이다. 내가 성장했음을.

"인간에게는 오직 하나의 진실한 소명이 있다. 그것은 바로 자기 자신에게 가는 길을 찾는 것이다."

헤르만 헤세의 『데미안』에서 싱클레어도 엘사처럼 소명과 자신이 합치되는 지점을 찾은 것이 아니었을까?

초원의 빛과 꽃의 영광이 있던 시절을
다시 되돌릴 수 없다 해도

슬퍼하지 않으리

오히려 그 뒤에 남은 것에서 강인함을 찾으리

영국의 시인 윌리엄 워즈워스William Wordsworth의 〈초원의 빛〉의 한 구절이다. 엄마로 사는 이 시간에 우리가 해야 할 일은, 과거의 화려함을 그리워하거나 남과 비교하는 것이 아니다. 바쁜 일상과 아이에게 매몰되어 슬퍼하는 것이 아니다. 우리는 아이를 키우는 시간을 지남으로써 지혜를 일깨우고, 강인함을 얻을 수 있다. 이 시간은 나의 배움과 성장을 다른 궤도로 움직이게 하며, 그 수준을 보다 높일 기회가 될 수 있음을 기억해야 한다. 우리는 이 귀한 기회의 시간으로 초대되었다.

엄마로 산다는 것은 오늘도 주어지는 도전과 마주하는 시간이며, 그 도전을 다루어내는 내 안의 지혜를 끌어내는 시간이다. 높은 레벨의 삶을 제대로 살아볼 기회이다. 육아의 시간은 아이와 동시에 나를 길러내는 시간이다. "육아育兒는 육아育我다!"

우리는 답을 찾을 것이다. 늘 그랬듯이

23살에 불의의 교통사고를 당했던 이화여대 사회복지학과 이지선 교수. 그녀는 전신에 심각한 화상을 입었고, 특히 얼굴을 심하게 다쳤다. 피부 이식수술만 수십 번을 했다. 나중에는 몇 번째 수술인지 세는 걸 포기했다고 할 정도였다고 한다. 그녀는 그 극심한 상황에서도 좌절하지 않았다. 유학길에 올랐고, 박사학위를 받고 돌아왔으며, 마침내 모교의 교단에 서게 되었다.

역경을 딛고 교수가 된 모습도 놀랍지만 더 놀라운 것은 삶을 대하는 그녀의 태도였다. 그녀는 큰 상처가 남을 수밖에 없는 전신 3도 화상을 입었으며, 그 화상은 누군가의 음주운전 때문이었다. 자기 잘못이라고는 없는 사고였다. 그녀는 어려운 시기마다 안 좋은 생각도 많이 했고, "왜 이런 억울한 일이 나에게 일어났을까?"를 생각하기도 했다고 했다. 하지만 그녀가 끝끝내 깨달은 것은 아주 단순하고 명백한 사실이었다.

'사고가 났던 날 그 운전자는 잘못된 선택을 했고, 그 자리에 있

었던 이지선 교수는 그 선택에 따른 영향을 받은 것일 뿐이라는 것.'

한 인터뷰에서 그녀가 담담하고 밝게 이야기했던 목소리가 오래도록 기억에 남았다.

"저는 그날 사고를 만났고, 사고와 잘 헤어졌습니다."

삶에서 만나는 모든 것을 환영한다

'어떻게 살 것인가? 어떤 사람이 될 것인가?'

전업맘이든 워킹맘이든, 아이가 어리든, 어느 정도 성장했든, 아이가 어떤 기질과 특징을 가지고 있든, 다양한 무게의 걱정들을 안고 있다. 아이를 잘 키워내고 싶다는 마음을 갖고 있다. 동시에 자신에 대한 생각도 커지는 시기이다. 이제 삶의 전환기에 접어든 나의 삶을 어떻게 가꾸어야 할지에 대한 고민이 무겁게 다가온다.

하지만 깊은 생각에 빠져들 틈도 없다. 아직은 모든 것에 엄마손이 필요한 아이를 챙기다 보면 하루가 끝나버린다. 그리고 또 다음날에도 순식간에 전쟁 같은 하루가 지난다. 속절없이 지나가 버리는 시간 속에서 고개를 돌려 주위를 보면 나와는 다른 시간으로 움직이는 게 아닌가 하는 마음이 든다. 모두 여유롭고 우아하고, 탄탄해 보인다. 엘리베이터에서 만난 이웃집 아이를 보면 씩씩하고, 똘똘해 보인다. 심지어 예의도 바르다. 그리고 저 아이의 엄마는 예쁜 데다 늘 자신감에 차 있어 보인다. 오늘도 말 안 듣는 아이와 씨름하고 있는 나를 보면 기분은 지하로, 지하로 꺼져 들어가는 것 같다. 왜 나만 이렇게밖에 안 되는지 원망할 대상이 있다면 원망이라도 하고 싶다. 지금 당장, 이 기분에 찬물을 끼얹어 보자. 정신 차리고, 제대로 생각하자.

'나는 만났다. 내 삶에 마주하는 모든 것들과 아이도 나를. 그리고 나를 둘러싼 많은 사람과 일들을.'

내 앞에 있는 모든 만남을 환영하면서부터 답을 찾는 것은 시작된다.

사실 하루에 쌓인 일들을 해내다 보면 하루가 모자란다. 아이를 키우고, 돈을 벌고, 집안일들을 챙기며 살아가는 것 만해도 빠듯한데, 내 삶에 대한 생각을 언제 할 것이며, 왜 답을 찾아야 하는지 묻는 이들도 있을 것이다.

그것은 지금이 내 삶에 대한 답을 찾기 딱 좋은 때이기 때문이다. 지금은 인생의 3분의 1을 잘 살아낸 경험과 엄마라는 새로운 경험이 맞물리는 때이다. 우리는 여러 시간과 경험의 경계들이 교차되는 지점에 서 있다.

우리는 살아가면서 많은 경계를 경험한다. 시간과 시간이 이어지는 곳, 역할과 역할이 마주하는 곳, 일의 끝과 새로운 시작이 생겨나는 곳. '엄마'와 '나'라는 두 역할의 경계에 대해서 생각해 보자. '나'로 살아오던 내게 나만큼이나 중요한 '엄마'라는 역할이 생겼다. 그 두 가지의 중요한 일은 서로 대치하기도 하고, 서로에게 힘이 되기도 하고, 서로를 바라보기도 한다. 엄마와 나라는 경계에서, 그 접점에서, 새롭고 놀라운 것이 나올 것이다. 그 두 경계에서도 꽃은 피어난다. 엄마이며, 나인 그 역할의 경계에서는 어떤 꽃이 피어나고 있을까?

지금은 내 삶의 보물을 찾아 나설 시간

초등학교 시절, 소풍의 하이라이트는 단연 '보물찾기'였다. 선생님이 미리 숨겨놓은 보물쪽지를 찾으러 다니다 보면 시간이 어떻게 지났는지도 모를 정도였다. 나뭇가지 사이에, 풀숲에, 바위 틈에 숨겨진 보물쪽지를 찾는 순간 나도 모르는 탄성이 터져 나왔고, 찾지 못 해 낙담하다가 제한시간이 끝날 무렵에 찾게 될 때는 그 기쁨이 더 컸다. 쪽지를 선생님께 가지고 가면 진짜 보물로 바꾸어 주셨다. 스케치북, 공책, 연필 같은 학용품들이었지만 그날의 기분은 금은보화가 가득한 보물상자를 찾아낸 것 같은 기분이었다. 그걸 가지고 집으로 가는 길에 콧노래가 절로 나왔던 것이 기억난다.

보물을 찾을 때는 고도의 집중력이 필요하다. 소풍 장소의 여러 기물과 선생님의 행동을 예상해 머릿속에 '보물지도'를 만들어 내야 한다. 그렇게 집중하다 보면, 보물이 눈에 보인다. 보물을 향한 초등학생의 열망은 보물이 스스로 모습을 드러내게 했다.

내 삶의 보물을 찾는 것도 마찬가지이다. 우선 뜨거운 열망과 집중력으로 보물지도를 만들어야 한다. 각자가 찾고 싶은 보물은 다를 것이다. 지금 하는 일에서 한 단계 높은 성취를 이루고 싶을 수도 있고, 새로운 직업을 찾는 것이 목표가 될 수도 있다. 성품을 갈고 닦는 일일 수도 있고, 진리를 탐구하는 일일 수도 있다.

나의 보물이 무엇이든 간에 중요한 것은 나다움을 찾아내는 것이다. 여러 시행착오를 겪으며, 아이를 키우며 우리는 느꼈다. 나다운 것이 가장 편안하고 기쁘다는 것을. 이것은 내 몸에 꼭 맞는, 좋은 옷을 입은 것 같은 느낌과도 같다. 보물은 나다움을 찾는 것이다. 이제부터 나다움을 찾는 것이 우리의 목적과 목표가 될 것이다.

"이제는 별과 책 속에서 그 무엇을 찾지 않는다. 나는 내 안의 피가 속삭이는 가르침에 귀 기울이기 시작했다."
_ 헤르만 헤세 『데미안』

어떻게 살 것인가에 대한 답은 사실 내 안에 있다. 자신과 끊임없는 대화만이 우리를 질문에 대한 답으로 이끌어 줄 것이다. 자신과의 대화에 집중해 보자. 주변의 잡음보다 신호음에 집중하자. SNS나 주위 사람들의 모습을 보고 산만해지지 말아야 한다. 그런 것들은 나다움을 발견하지 못 하게 하는 잡음과도 같다. 매 순간 신호음에 집중해야 하는 것을 잊지 말자. 아이에게 밥을 먹일 때도, 퇴근길에도, 잠이 들 때도. 그렇게 나다움을 찾는 여정으로 하루하루를 살다 보면, 머지않아 큰 변화를 느낄 것이다. 보물지도는 선명해지고, 어디로 가야 할지에 대한 의지가 똑바로 서는 순간을 경험하게 된다. 그곳에 도착해서 비로소 보물을 발견했을 때의 기쁨을 무엇과 바꿀 수 있겠는가? 기쁨에 고동치는 맥박이 벌써 느껴지는 것 같지 않은가?

우리는 인생에서 30여 년 혹은 더 긴 시간 동안 문제에 대한 답을 스스로 찾아 여기까지 왔다. 잘 해왔다. 너무나도 훌륭하다. 이제껏 삶의 경험으로 쌓은 나의 지력과 감수성 그리고 그것들을 일깨워 주는 우주의 도움을 믿어 보자. 온전한 깨달음은 오직 내가 찾을 수 있다. 이미 내가 찾는 답은 내 안에 있다.

아이는 자라나고, 인생은 길다

아이가 자전거의 보조 바퀴를 떼어 달라고 했다. 언젠가는 떼어 버려야 할 바퀴였지만 "벌써?"라는 생각이 들었다. 잘될 것 같지 않았지만 아이의 도전 의지에 훼방을 놓고 싶지는 않았다.

하지만 두발자전거를 타기에는 아직 균형감각도 순발력도 다 자라지 않은 것 같아 보였다. 넘어지고 일어나고를 반복했다. 잘 되지 않자, 나에게 짜증을 내기 시작했다. 결국 아이는 울면서 집에 돌아와 이제 자전거는 안 타겠다고 선언했다. 하지만 다음날 아이는 다시 나가자고 했고 나는 다시 아이를 데리고 나왔다. 그렇게 여러 날을 연습했다.

"엄마, 아직 놓으면 안 돼. 놓았다가 바로 잡아야 해."

불안한 듯 외치는 아이의 자전거를 슬며시 놓았다. 어느새 아이의 자전거는 나에게서 저 멀리까지 멀어져 가고 있었다. 아이가 멀어지는 순간, 기쁘다 못 해 감격스러웠다. '아! 자전거가 멀어지는 것처럼 아이도 자라서 언젠가 저렇게 떠나겠구나!' 그리고 또 생각했다. 아이의 자전거가 멀어지는 순간 그 자리에 서 있던 나에 대해.

아이가 처음 세상에 나왔을 때는 엄마가 세상의 전부이다. 엄마가 먹이는 젖과 엄마의 품과 엄마의 사랑이 아이를 키워낸다. 엄마의 돌봄 없이 아이가 잘 자라기는 어렵다. 하지만 그렇게 키운 아이가 자라 버스를 타고 유치원에 가고, 걸어서 학교에도 가고, 엄마보다 친구가 더 좋은 날도 온다. 그리고 엄마가 없는 새로운 세상으로 나가 자기의 삶을 살아낼 날이 온다. 하지만 그날에도 엄마로 살았던 나의 삶은 계속된다.

엄마의 24시간을 돌아보자

『성공한 사람들의 7가지 습관』의 저자 스티븐 코비 박사는 삶을 살아가는 방식으로 시간 관리의 중요성을 이야기하며 '시간 관리 매트릭스'를 제시했다. 시간 관리 매트릭스는 4사분면에서 서로 다른 중요도를 가진 일들을 4가지로 분류해 보는 방식이다.

1. 중요하고 급한 일
2. 중요하지 않고 급한 일
3. 중요하고 급하지 않은 일
4. 중요하지 않고 급하지 않은 일

시간 관리 매트릭스에 따라 나의 24시간 동안의 일들을 4가지로 분류해 보자. 그러면 내가 현재 삶에서 무엇을 우선순위에 두고 있는지가 드러난다. 사람들은 중요하건 중요하지 않건 급한 일을 우선 처리한다. 그리고 중요하지 않고 급하지 않은 일에 많은 시간을 허비한다고 한다. 코비 박사는 이 중에서 가장 잘 다루어야 할 것은 바로 '중요하고 급하지 않은 일'이라고 말한다.

아이를 키우고 있는 엄마가 이 네 가지를 작성하는 것을 보면 뚜렷한 특징이 보인다. '중요하고 급한 일'은 아이 등원시키기, 아이 병원 데려가기, 아이 식사와 간식 챙기기 같이 아이와 관련된 것들이 대부분을 차지한다. 그런데 '중요하지만 급하지 않은 일'에는 엄마 자신과 관련된 것들이 들어가 있음을 보게 된다. 엄마의 취미, 엄마의 공부는 중요하다고는 생각되지만 아이와 관련된 일과 함께 있을 때는 언제나 후순위로 밀려난다.

중요하고 급한 일만 처리하다 보면 하루하루가 바쁘고 매일 같은, 다람쥐 쳇바퀴 도는 듯한 생활을 하게 된다. 육아를 하는 동안 엄마들이 우울감과 번아웃을 호소하는 이유가 여기에 있다. 엄마로 살아가며 큰 비중을 두고 다루어야 할 일은 바로 '중요하고 급하지 않은 일'이다. 그것을 다루다 보면 중요하고 급한 일은 저절로 되어 있기도 하고, 급한 일을 하는 것에 마음이 지치지 않는다. 엄마 자신을 위한 시간을 꼭 확보해야 한다. 이것은 엄마의 성장을 위한 활동의 시간이다.

아이가 없는 싱글의 동료는 시간에 쫓기지도 않고, 자기관리도 하며 승승장구하는 것 같다. 아이를 낳아 함께 키우는 남편마저 생각보다 이기적으로 자기계발도 하고, 일도 잘 챙기며 경력을 쌓아가고 있다. 나는 내 마음의 절반 이상을 아이에게 넘겨주고는 일도 육아도 나의 성장도 어느 것 하나 제대로 만들어 내지 못 하는 것 같다. 언제 무너질지 모르는 모래성을 쌓아가는 것 같이 불안하다.

불안하다는 것은 지금 가는 방향이 맞다는 뜻이다

불안. 나를 어떻게 할 것인가에 대한 불안은 참으로 대책이 없는 듯하다. 아이는 커가고 엄마로 사는 나는 이도 저도 아닌 자기계발을 하다가 늙어버릴 것만 같다. 그 불안함의 한가운데서 그 불안에 파묻혀 살 것인지 자신에게 물어보자.

그 불안에 파묻히지도 말아야 하고, 그렇다고 밀어내지도 말아야 한다. 그것은 자연스럽게 흐르게 두고, 지금 이 시간 내가 나를 위한 노력을 이어가면 된다. 성장의 과정에서 겪는 불안은 지극히 당연하며, 정상적인 일이다. 오히려 불안해 하는 건 자신이 바른 방향을 향해 걷고 있기 때문임을 기억하자. 주변 사람과 비교하는 마음이나 타인의 시선에 위축되지 말아야 한다. 매일 매일 자신이 할 수 있는 것들을 쌓아 가면 된다.

자신의 하루가 차곡차곡 쌓였을 때를 상상해 보자. 세상에 보탬이 될 빛나는 존재감과 그 성취감을 말이다. 쌓아 놓은 시간 없이 당연히 생겨나는 일은 없다.

'여러분이 맞닥뜨린 어둠은 진짜 어둠이 아닙니다. 불안하고 초조하다면 잘 해 나가고 있다는 증거입니다.'

『한동일의 공부법』에 나오는 이야기이다. 아이를 키우는 일은 사실 무척 거대한 일이다. 그런데 그 큰일을 하면서 동시에 나를 들여다 보고 나를 키워내는 일을 한다는 것은 말처럼 쉽지만은 않다. 하지만 현실의 어려움과 그로 인한 불안을 이겨내는 경험이 쌓여, 오히려 한 발 더 걸어가는 힘이 되길 바란다.

작가 박완서는 나이 마흔이 되어서야 등단했다. 그녀는 15년을 전업주부이자 다섯 아이의 엄마로 살았다. 적지 않은 시간이었다. 그녀는 아이들을 키우는 동안 책 읽기를 놓지 않았다. 그러다가 박수근 화백의 유작전을 보고 그에 대한 기록을 쓰기 시작했다. 그녀는 아이들이 학교에 간 시간, 모두가 잠든 밤에 글을 썼다. 남편에게 돈 벌어왔다고 자랑하고 싶은 마음과 딸을 잘난 사람으로 키우고 싶어 했던 어머니를 기쁘게 해드리고 싶다는 생각으로 글을 썼다고 한다. 그러다가 마침내 그녀는 「여성동아」 장편소설 공모전을 통해 소설 『나목』의 작가로 세상에 이름을 알리게 된다. 막내가 초등학교에 입학하고 나서의 일이었다. 그녀는 입상 상금 50만 원으로 소박했던 소원을 이뤘다. 그 후 그녀는 열정적인 창작활동으로 40년 넘는 세월 동안 100편이 넘는 작품을 썼다.

그녀의 작품에는 엄마로 살아온 시간의 안목과 지혜가 묻어 있다. 그녀의 작품은 대중적으로도 많은 사랑을 받았으며, 한국 현대문학의 거장으로 평가되고 있다.

아이를 잘 키우는 것은 정말 중요한 일이다. 동시에 나를 잘 키우는 것도 정말 중요한 일이다. 나의 현재에서 내가 할 수 있는 일을 찾아서 그 길로 뚜벅뚜벅 걸어가자. 엄마라서 제자리 걸음만 하고 있을 이유는 없다. 계속 걷고 또 뛰기도 해야 한다. 엄마라는 경험은 그동안 꿈꿔왔던 것에 가속을 더하는 부스터가 될 수 있다. 엄마 아주 값진 것을 얻게 될 것이다. 세상은 계속 변화하고 있고, 아이는 계속 자라고 있다. 그리고 우리의 가슴은 여전히 뜨겁다.

중국 고전 『춘추좌씨전』에는 '귤화위지橘化爲枳', 즉 "귤이 회수를 건너면 탱자가 된다"는 말이 나온다.

하지만 귤이 탱자가 될 수는 없다는 걸 우리는 당연한 듯 알고 있다. 귤이 기후나 풍토가 바뀐다고 탱자가 되지는 않는다. 조선 초기 강희안이 쓴 『양화소록』에는 임금으로부터 하사받은 귤 씨앗을 심어 키우는 이야기가 나온다.

"봄이 되자 가지가 돋아나 남국에서 나서 자란 것과 차이가 없고 비록 서리와 눈을 만나더라도 한결 푸르고 바람이 잔잔하게 스치면 향기 또한 흐뭇하였다."

귤이 강을 건넌다고 해서, 다른 곳에서 살아간다고 해서 탱자가 되지는 않는다. 나의 씨앗은 변함이 없다. 아이와 함께하는 동안 많은 것들이 바뀌었다. 아이에게 나의 시간과 체력을 나눠 줘야 했다. 그것으로 인해 느끼는 부담과 불안을 잘 승화시켜야 했고, 엄마라서 느끼는 사회적 압력들을 감내해야 했다.

그럼에도 불구하고 여전히 나는 나다. 그것들이 나를 둘러싼다 해도 나의 본성과 잠재력은 변함이 없다. 아이는 자라날 것이고, 세상에 나를 보여 줄 시간은 아직 충분하다.

"위대한 사람은 시간을 창조해 나가고, 범상한 사람은 시간에 실려 간다."

피천득의 〈인연〉에 나오는 말이다. 범상한 사람이 되지 말길, 시간에 실려 가지 말길, 엄마에게 주어진 모든 시간을 창조의 시간으로 쓰길, 뜨거운 가슴을 보여주길.

나와 당신의 삶을 위해 간절히 바란다

PART 7

Dear
myself

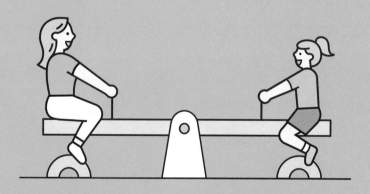

내 아이만큼 소중한 내면아이

나갈 시간은 다 되어 가는데, 아이는 등원 준비에 도통 관심이 없었다. 양말은 한 짝만 신고 돌아다니고, 차려놓은 밥은 먹지 않겠다고 했다. 아침부터 장난감을 방 안 가득 부어놓은 채 놀고 있었다. 나가려고 현관에 섰는데, 그새 옷에 무언가를 묻혀 놓았다. 이미 문을 나섰어야 하는 시간이었다. 하나에서부터 열까지 손이 가는 것 같았다. 나는 결국 화를 내고야 말았다.

"왜 이렇게 스스로 하는 게 없는 거야? 왜 이렇게 엄마를 힘들게 해?"

아이를 보내놓고는 깊은 후회가 밀려왔다. 아이가 먹고 간 그릇들을 치우다가 밥을 한술 떠보려고 했지만 도무지 입안으로 들어가지 않았다.

나는 왜 이 조그만 아이 앞에서 화를 내는가? 나는 왜 TV에 나온 저명한 의사가 말하는 나이스한 엄마가 되지 못 하는가? 이번 생은 망한 것일까? 사실 아이에게 큰소리를 내고 후회하고, 다짐하고를 반복하는 것은 육아 현장의 클리셰^{Cliché}이다. 엄마는 왜 아이를 키우면서 이것을 반복하는 것일까?

내 안에 있는 어린아이

대개의 사람은 성인이 되어서는 상대에 맞는, 상황에 맞는 행동과 이야기를 할 수 있다. 감정을 조절하고, 다양한 방식으로 상황을 이해하고 문제를 풀어갈 수도 있다. 하지만 다급할 때, 돌발 상황이 생길 때, 어찌할 수 없을 정도로 바쁘거나 긴장될 때, 공포감이 엄습할 때는 나도 잊고 있었던 내면의 모습이 튀어나온다. 바로 '내면아이'이다.

내면아이는 내 안에 숨어 있는 어린아이이다. 칼 융이 '신성한 아이^(Divine Child)'라고 부른 존재, 진정한 자아이다.

내면아이는 늘 자신과 함께 있다. 늘 재미있는 것을 추구하는 아이일 수도 있고, 버릇없는 아이일 수도 있고, 방치된 아이일 수도 있고, 버려진 아이일 수도 있다. 두렵고 불안한 아이이기도 하고, 인정받고 싶은 마음으로 가득한 아이기도 하다.

개인이 가지고 있는 다양한 성격적 특징은 어린 시절의 경험과 그때 만들어진 정서와 연관되어 있는 경우가 많다. 어린아이 시절의 감정이 어른이 되어서까지 이어져 다 자란 내 몸 안에 있는 것이다. 어린 시절의 경험과 감정을 이해한다면, 자신이 지금 하는 행동과 말, 그리고 가슴에 퍼지고 있는 것들이 무엇인지를 들여다볼 수 있을 것이다. 그리고 나의 아이에게 하는 내가 기대하고 있는 것, 말하고 있는 이유에 대해 이해할 수 있을 것이다. "나는 왜 오늘 아침에 아이에게 그렇게 말했을까?"에 대한 답을 얻을 수 있을지도 모른다.

나의 모든 면과 대면하기

아이를 키울 때는 예측 불가한 상황이 많이 벌어지고, 높은 수준의 이해심과 인내심이 필요하다. 정신적으로 끊임없는 도전의 상황이 생겨난다. 그 순간들에 만나는 내면아이는 처음에는 낯설거나 반갑지 않을 수도 있다. 그림자의 모습을 한 내면아이는 특히, 그러할 것이다.

하지만 그것은 부정적인 것이 아니다. 그것은 나의 중요한 역사의 일부이기 때문이다. 그럼에도 그것을 잘 다루지 않아서 생기는 문제는 부정적일 수 있다. 아이와 나의 성장에 방해가 될 수 있다.

영국의 대표 동화이자 애니메이션인 〈피터팬〉은 영원히 자라지 않는 존재인 피터팬에 관한 이야기이다.

그림자를 잃어버린 피터팬은 자신의 그림자를 찾아 어느 집으로 들어가게 되고, 그 집에서 웬디를 만난다. 그림자와 분리된 피터팬은 몹시 당황스러워 한다. 웬디는 겨우 찾아낸 그림자를 피터팬의 몸에 바느질로 꿰매 준다. 그림자를 되찾은 피터팬은 다시 안정감을 찾게 된다. 영원히 자라고 싶지 않은 아이, 피터팬의 그림자는 꽤 상징적이다.

내면아이의 빛과 그림자는 둘 다 소중한 존재이다. 어느 것 하

나가 사라진다면 그 모습은 그림자를 잃어버린 피터팬처럼 안정
감을 잃을 것이다.

　진정한 자신이 되기 위해서는 나의 빛과 그림자를 통합해야 한
다. 나의 모든 것을 대면하고, 있는 그대로를 이해하고, 바라봐 주
는 것이 필요하다.
　"길들여진다는 게 무슨 뜻이지?"
　"그건 많이 잊혀진 말인데, 관계를 맺는다는 뜻이야."
　『어린왕자』에서 여우와 어린왕자가 처음 만나는 장면이다.
　친해질 수 없을 것 같은 나의 내면아이를 만났을 때는 낯설고,
당혹스러울 수도 있다. 하지만 그것과 관계를 맺고, 알아가고, 서
로에게 다정해진다면, 내면아이는 나의 잠재력을 깨워 나를 반짝
이게 할 것이다. 나쁘거나 부끄러운 것은 없다.

　내가 자신에 대해 아무것도 모르는 것
　나 자신이 낯설고 생경하게 느껴지는 것
　그것은 단 한 가지 원인에서 비롯된 것이다.

　내가 나를 두려워하고
　나로부터 도망치고 있기 때문이다.
　_ 헤르만 헤세 『싯다르타』

이해할 결심

오늘 아침에도 아이에게 화를 냈는가? 늘 스스로 부족하다고 생각하는가? 내 생각을 솔직하게 말할 수 없는가? 무언가 걱정하고 있어야 마음이 편한가? 타인의 시선을 의식해 늘 외적인 것에 신경을 쓰는가?

이런 자기 모습이 부정적으로 생각될지도 모른다. 자기 모습을 부정적으로 생각해서 잘 바라보지 못 하고, 인정할 수 없어서 자기도 모르게 자신을 변호하고 있을지도 모른다. 하지만 부정적인 모습이란 없다. 지금 나의 모습은 나의 존재이고, 나의 역사이며, 살아 있는 나이다. 자신을 이해하는 것은 나의 내면아이와 그 내면아이가 드러나는 나의 현재의 모습을 인정하고 이해할 결심에서부터 출발한다.

나를 소중하게 대한다는 것은 나의 긍정적인 면만을 바라보는 것이 아니다. 모든 면을 바라보고 수용하는 것이다. 무언가 바꾸고 싶은 마음이 들더라도 그것에 몰두하는 것이 아니라 나의 내면아이가 경험하는 것들을 온전히 함께하는 것이다. 상황과 감정이라는 물살에 자신과 내면아이를 맡겨보고, 그 물살을 타는 법을 터득하면 되는 것이다.

엄마로 사는 것은 누구에게나 힘든 일이다. 엄마가 되면 그 어떤 것보다도 복잡하고 다양한 감정을 경험하게 된다. 아이를 돌보다가 밀려오는 기억과 감정들이 감당이 안 될 만큼 자신을 힘들게 할 수도 있다.

 하지만 모든 것을 놔버리고 싶은 순간이 온다면, 그것은 드디어
성장의 계단 앞에 섰다는 의미이다. 그 순간 기억해야 할 한 가
지는 그 순간을 부드럽게 넘겨야 한다는 것이다. 내 아이를 돌보
는 중이지만 내면아이도 함께 돌보는 중이기 때문이다. 아이를 사
랑하는 마음과 자신을 사랑하는 마음의 균형을 기억해야 한다.

 나탈리 포트먼이 열연했던 영화 〈블랙 스완〉은 백조와 흑조의
상반된 연기를 완벽하게 소화해야 하는 프리마돈나의 고충을 다
루고 있다. 영화의 마지막 장면은 공연을 성공적으로 끝낸 주인공
이 피가 흘러내리는 배를 움켜잡고 "나는 완벽해." 라고 말하며 끝
이 난다. 주인공은 완벽한 연기를 위해 내면의 소리를 차단한 채
완벽한 모습만을 추구하다가 정신분열의 상태에까지 이른다. 공
연 전 경쟁자인 발레리나를 칼로 찔렀다고 생각했지만 사실은 자
신을 칼로 찌른 것이었다. 외적으로 완벽함을 이루었지만 내면을
돌보지 않았고, 결국은 존재가 파멸하게 된다.

 모든 것이 티 없는 모습으로 있을 필요는 없다. 그럴 수도 없다.
어린 시절의 나의 경험과 그 시간에 머물러 있는 나의 내면아이와
현실에서 등장하는 나의 내면아이를 모두 있는 그대로 안아 줄 필
요가 있다. 가끔 화를 내고, 가끔은 울고, 또 가끔은 무기력해 보여
도, 그 모든 것은 소중한 나의 내면아이의 모습이다. 그것을 회피
하지 않고 직면하고, 타당했다고 인정해 주는 것이 먼저다. 내면

아이는 덜 자랐거나 모자란 존재가 아니다. 있는 그대로 존중받아야 할 소중한 존재이다.

아이를 키우는 지금은 내면을 회복할 소중한 기회의 시간이다. 내 아이를 바라보듯 내면아이를 다정하게 바라보자.

나를 들여다 보면 엄마가 보인다

엄마와 딸

"엄마처럼 살지 않을 거야."
"딱 너 같은 딸 하나만 낳아봐라."

이 말은 엄마와 딸 사이에서 흔히 나오는 욕을 대신하는 말이다. 누군가의 딸로 살았다면, 누군가의 엄마였다면, 한 번은 듣거나 뱉어 본 말일 것이다.

어른이 되어 특히, 내 아이를 낳고 듣는 '엄마'라는 두 글자는 특별하다. 다양한 감정이 진하게 묻어 있다. 엄마의 희생, 헌신, 사랑은 떠올리기만 해도 가슴이 저려온다. 그 기억과 함께 따라오는 것은 엄마에 대한 서운함과 원망이다. "엄마는 왜 나에게 그렇게 말했을까? 왜 나를 그렇게 대했을까?" 하고 생각하다 보면 결국 나에게 헌신한 엄마의 모습에 도달한다.

엄마가 나를 위해 했던 희생은 모든 서운함을 상쇄시킬 만큼 크다. 그래서 서운함을 거의 잊고 지내지만, 어떤 날에는 마음속에 작은 파문이 인다. 엄마는 나를 키우느라 전적으로 희생했다. 아프거나 슬플 겨를도 없었고, 자신을 챙기지도 않았다. 엄마를 생각하면 마음이 감사와 연민으로 가득차지만 엄마처럼 살고 싶지는 않다. 딸을 훤히 들여다 보는 엄마가 딸의 그런 생각을 모를 리 없었다. 알고는 있지만 나이만 먹은 철없는 딸의 말이 얼마나 가슴 시리게 들렸을까? 그 시린 마음의 완곡한 표현이 "딱 너 같은 딸 낳아봐라."였을 것이다.

엄마와 딸은 관계성의 측면에서 볼 때 매우 특별하다. 엄마는 내가 태어나기 전부터 친밀했던 사람이다. 세상에서 경험한 최초의 애착과 관계를 함께 경험한 사람이다. 같은 여자이기 때문에 서로에 대해 잘 알고 있으면서도 끊임없이 부딪힌다. 엄마는 독보적인 모델링의 대상이었다. 그리고 딸은 강한 애착과 소망의 대상이다. 그리고 그래서 둘의 관계는 복잡다단하고, 다양한 감정이 뒤엉켜 있다.

엄마의 엄마

코로나 팬데믹이 한창 극성이어서 외출과 모임이 자유롭지 않았던 때였다. 늦은 밤에 아이들을 재우고 나서 온라인으로 엄마들의 모임을 한 적이 있었다. 한 달에 두 번, 주제를 정해서 이야기를 나누는 모임이었다. 아이를 키우며 마주하는 일상과 감정들, 엄마의 내면을 들여다 보는 이야기가 주요 화제였다. 구성원 모두가 어린아이를 키우고 있었기 때문에 서로에게 공감하고, 다독이며 위로를 나눌 수 있는 값진 시간이었다.

그날의 주제는 '엄마의 엄마'였다. 친정엄마에 대해 이야기하는 시간은 평소보다 깊은 대화가 이어졌고, 눈물바다가 되기도 했다. 엄마라는 존재는 그랬다. 엄마가 되고 보니 나의 엄마가 좀 더 진하게 보이는 것 같았다.

"우리 딸은 한순간도 불편함이 없었으면 해요."

네 살 난 딸을 키우고 있는 지수는 어렸을 적에 학교 수업이 끝나면 비를 맞으며 집으로 돌아가야 했던 기억이 많다. 지수 엄마는 비 오는 날에 우산을 가지고 와서 딸을 기다려 준 적이 한 번도 없었다. 강한 딸로 자랐으면 한다는 명분을 내세웠지만 여섯 살 위 오빠는 비를 맞게 한 적이 없었다. 오빠를 중심으로 돌아가는 집안의 분위기로 인해 그녀는 일상적으로 소외감을 경험했다. 자신을 위해 존재하는 것들은 아무것도 없는 듯했다.

지수는 친구들보다 빨리 독립했고, 일찍 결혼해 엄마가 되었다. 지금은 하나뿐인 딸에게 해 주고 싶은 만큼 다 해 줄 수 있어서 너무나도 행복하다고 말했다. 그래서인지 그녀는 육아에 있어서 하나부터 열까지 완벽을 기하고자 노심초사하고 있다.

"오늘 야근하고 와서 냉장고를 열어보니, 엄마가 또 반찬을 가득 채워놓으셨어요. 감사하고, 미안하고…."

미주는 6살, 2살 딸을 둔 워킹맘이다. 그녀의 엄마는 수입이 일정치 않았던 아버지로 인해 아이들이 어릴 때도 자주 마음을 졸여야 했고, 가부장적인 아버지의 비위를 맞추느라 평생을 눈치 보는 삶을 살았다. 그녀의 엄마는 세 살 터울의 자매를 키워놓고 나니, 자신에게 남은 건 아프지 않은 곳이 없는 몸과 나이가 들어버린 남편뿐이라면서 그녀에게 일을 그만두지 말라고 권한다고 한다. 자신이 그랬던 것처럼 자식과 남편에게 온전히 모든 것을 내어 주는 삶 대신 딸이 독립적인 경제활동을 하면서 사회적인 위치를 잡아가는 삶을 살기를 바랬다. 그래서 미주의 엄마는 딸의 아이를 돌봐주고, 살림을 챙겨주는 데 헌신적이었다. 미주가 어린아이들과 시간을 많이 보내지 못 하는 것에 늘 아쉬움과 미안함 때문에 이제는 일을 쉬고 싶다고 말할 때마다 그녀의 엄마는 더욱 더 노력을 한다. 이제는 가끔 자신이 원해서 일을 하는 것인지, 엄마의 바람을 위해 일을 하는 것인지 헷갈릴 때가 있다고 미주는 말했다.

"눈을 떠서 잠들 때까지 영양제 타임이 있어요. 저에게는 정말 중요한 일이에요."

윤아는 7살 아들이 있다. 윤아의 엄마는 원인을 알 수 없는 두통과 어지럼증으로 오랫동안 고생했다고 한다. 학교에서 돌아오면 늘 누워 있는 엄마를 보며 윤아는 자주 불안해 했다. "엄마가 갑자기 내 곁을 떠나면 어떻게 하지?" "나 때문에 엄마가 아픈 것은 아닐까?" 이런 생각들 때문에 윤아는 엄마가 아플 때 아이가 어떤 불안을 가지는지 잘 안다. 그래서 그녀는 건강에 대해 지나칠 정도로 염려하는 경향이 있다. 건강검진과 운동, 영양제를 자기 삶에서 무엇보다도 우선시 했다. 감기 몸살이 찾아들어도 아들에게 결코 아픈 내색을 하지 않으려고 한다.

나를 들여다 보면 엄마가 보인다

엄마가 되어 아이를 키우면서 친정엄마의 육아 방식, 삶의 태도가 나에게 많이 남아 있다는 것을 알게 된다. 아이에게 말하는 방식, 아이와 노는 방식, 아이에게 훈육하는 방식들은 엄마의 방식과 닮아 있어서 가끔 깜짝 놀라기도 한다. 무의식에 자리 잡고 있던 엄마를 마주할 때는 내가 엄마를 너무도 닮았다는 반가움과 당혹감이 있다.

엄마가 가진 많은 것이 아이에게 전해진다. 물론 전해지는 것에는 긍정적인 것과 부정적인 것 모두가 포함된다. 둘 중에서 우리가 조금 더 깊이 있게, 그리고 조심스럽게 다루어야 할 것은 부정적인 측면이다. 그것은 대물림이라는 이름으로 엄마와 나 그리고 아이를 힘들게 만들지도 모르기 때문이다.

영화 〈똥파리〉는 각종 국제 영화제에서 상을 휩쓸다시피 하면서 독립영화 열풍을 불러일으켰다. 이 영화는 가족 안에서 일어나는 대물림에 관한 이야기이다. 주인공 상훈의 아버지는 가족들에게 수시로 폭력을 일삼는다. 아버지의 폭력을 보고 자란 상훈은 폭력을 업으로 하는 용역 깡패가 된다. 후에 상훈은 아버지에게마저 서슴지 않고 폭력을 행사한다. "세상은 엿 같고 핏줄은 더럽게 아프다."라는 홍보 카피는 너무 도발적이어서 이슈가 되었다. 이것이 이슈가 되었던 것은 부모와 자식 관계의 정서적 대물림을 많은 사람이 경험하고 있어서였을 것이다.

많은 이들이 경험하는 대물림 특히, 그것은 엄마와 딸의 관계에서는 더 복잡하게 얽혀 있다. 체념하게 할 정도로 얽힌 그 복잡성을 담담하게 보고, 엄마의 방식과 정서에서 철저히 독립할 결심이 필요하다.

그림 형제의 동화 『라푼젤』은 자신이 공주라는 사실을 모른 채 마녀의 손에서 자란 여자아이의 이야기이다.

라푼젤은 18년이 지나서야 자신이 마녀의 손에 자랐다는 것을 인식하고 마녀로부터의 탈출을 감행한다. 자신을 안전하게 지켜 주고, 먹을 것과 필요한 모든 것을 주었던 마녀로부터 떠날 결심을 한다는 것은 어머니로부터의 독립을 의미한다. 물리적인 독립뿐만 아니라 정서적인 독립이다.

라푼젤의 18년은 충분히 어른이 된 때를 말하는 것이다. 결혼도 하고, 아이도 낳은 지금은 엄마로부터 독립되지 않은 어떤 부분이 있다면 꼭 짚고 넘어가야 할 때이다.

엄마-나-아이

우리는 어릴 적부터 늘 엄마와 함께 해왔다. 엄마의 생각과 삶의 방식이 나에게 전해졌다. 그리고 엄마의 취향과 정서도 나에게 남아 있다. 그 모든 것이 익숙하고, 편안하다. 하지만 이제는 어른이 되었고, 나의 엄마와 나를 온전히 바라볼 수 있다. 익숙해서 알아차릴 수도 없을 만한 엄마의 방식을 한 발 떨어져서 보고, 엄마가 해온 것보다 더 나은 방식을 찾아야 한다. 이것은 엄마의 삶이 틀렸음을 비판하는 것이 아니다. 엄마의 상황에서는 매 순간이 최선이었음을 인정하는 것이다. 엄마의 사랑 위에서 자란 나는 더 나은 엄마가 될 수 있다. 그리고 더 지혜롭고, 편안한 인간이 될 수 있다. 그것이 엄마의 엄마가 기대하는 것이다. 그리고 나도 훗날에 아이에게 그것을 기대할 것이다.

나의 엄마를 이해하는 일은 나와 내 아이를 이해하는 일이다. 엄마의 세포와 영혼이 나를 키워낸 것처럼 나도 아이를 키워내고 있기 때문이다. 엄마의 가슴에서 나의 가슴으로 전해진 것이 다시 아이의 가슴에 전해진다. 오래전부터 이어져온 삶의 역사가 엄마와 나, 그리고 내 아이로 이어져 오고 있음을 생각해 보자. 엄마와 나 그리고 내 아이라는 3대에 걸친 드라마의 해피엔딩을 위해!!

아이에 대한 필연적 죄책감을 내려놓고

인간의 뇌는 언제나 인과관계를 찾으려고 노력한다. 이런 뇌의 시스템은 육아 장면에서도 피할 수 없다. 아이를 키우다 보면 많은 어려움을 만난다. 아이가 아플 수도 있고, 아이가 말이 늦을 수도 있다. 운동을 못 할 수도 있고, 또래와 잘 어울리지 못 할 수도 있다. 그 모든 문제가 엄마가 만들어 낸 것만 같은 기분, 바로 죄책감이다. 죄책감은 실체 없는 두려움과 이어져 있다. 실제 인과관계가 없는 두려움과 죄책감은 늘 붙어 다닌다. 이것은 아이를 임신하는 순간부터 스멀스멀 올라온다. 죄책감을 강요하는 주변 상황이 엄마의 불편한 감정에 부채질한다.

임신하는 순간부터 찾아오는 죄책감

"임신하면 많은 사람이 산모를 보지 않고 아기를 봐요. '이걸 먹으면 아기한테 도움이 될까, 해로울까?' 그러나 많은 경우에 근거 없는 이야기가 많아요. (중략) 임신 과정이라는 것 자체가 굉장히 힘이 듭니다. 그런데 임신부의 삶의 질에는 왜 관심을 안 두는 거예요?"

다태아 출산 부분에서 국내 최고 권위자로 꼽히는 서울대병원 산부인과 전종관 교수가 인터뷰에서 한 이야기이다.

그는 산모들에게 태교도 권하지 않는다. 근거가 없다는 이유 때문이다. 한때 유행을 했던 것처럼 막연한 믿음으로 산모들이 휩쓸린 적이 있었으나 "태교를 했을 때 아기에게 좋은 영향이 있는가?"라는 것에 대한 구체적 증거는 전혀 없다는 게 전종관 교수의 말이다. 또 다른 중요한 이유가 있다. 일을 해야 하거나 태교를 할 시간이 없는 경우 산모가 죄책감을 가질 수밖에 없다는 점이다. 그리고 더 큰 문제는 아기에게 이상이 생겼을 때 "임신부가 태교를 못 해서 그런 거다."라는 식의 이야기를 할 수 있게 된다는 것이다. 아무런 과학적 근거가 없는데도 말이다.

'엄마탓(mother blamig)'의 문화

아이를 낳아 기르는 과정에서는 크고 작은 문제들이 생긴다. 그런데 많은 육아 장면에서 아이에게 나타난 문제를 엄마의 잘못 혹은 책임으로 돌리는 경향이 크다. 자폐성 장애아동의 양육과 관련한 한 연구에서 이러한 사회적 인식을 '엄마 탓(mother blaming)'이라는 말로 설명했다. 너무 차갑다, 너무 따뜻하다, 너무 엄격하다, 너무 관대하다, 너무 권위적이다, 너무 보호하려 든다, 너무 방임한다

등 엄마를 탓하는 표현을 사회 전반에서 쉽게 찾아볼 수 있다. 심지어 이러한 표현은 판결문, 책, 미디어, 정치, 심지어 의료계와 교육계에까지 퍼져 있다.

이것은 엄마로 하여금 자연스럽게 자책을 하는 행동으로 이어지게 한다. 아이가 장애가 있으면 '엄마 탓(mother blaming)'을 하는 경향이 더욱 뚜렷하게 나타난다. 장애아를 키우는 엄마들과 이야기를 나눠 보면 엄마들 모두 극심한 죄책감을 경험했거나 계속해서 가지고 있다는 것을 알게 된다. 장애아를 키우는 엄마의 죄책감은 '엄마 탓(mother blaming)'의 문화에서 온 것이다.

실제로 아이의 발달, 건강과 관련해 엄마 탓을 하는 것은 오래된 현상이었다. 1900년대에는 조현병이나 동성애도 모두 엄마 탓으로 돌리는 경향이 있었다. 자폐성 장애가 엄마가 아이를 사랑하지 않아서 생기는 질병이라고 말하거나, "냉장고 엄마"라는 표현을 쓰며, 나치처럼 차갑고 못된 엄마가 자폐의 원인이라고 말하는 학자도 있었다.

1970년대가 되어서야 비로소 학자들은 이러한 이론이 근거가 없음을 이야기하기 시작했다. 그리고 1990년대 신경생물학의 연구들이 이를 뒷받침 해 주었다. 현대 과학은 자폐성 장애는 유전적 소인과 뇌신경의 문제이지 부모의 양육 스타일과는 아무런 관계가 없다는 것을 밝혀냈다.

그런데도 여전히 엄마 탓은 계속해서 이루어지고 있다. 예전에는 자폐의 원인으로 엄마 탓이 이루어졌다면 이제는 자폐 치료가

안 되는 이유로 엄마 탓이 이루어진다. 장애의 진단과 치료에 관한 전 과정에 엄마 탓은 이어진다. 그리고 '좋은 엄마'는 아이를 돕고, 제 기능을 하게 하고, 심지어 완치까지 시켜야 하는 존재로 인식되고 있다.

하지만 엄마 탓의 문화가 만들어 낸 '좋은 엄마'에 대한 중압감은 아이의 교육을 위해서도, 엄마 자신을 위해서도 좋지 않다. 그 중압감은 사회적, 문화적 편견으로 인한 것이라는 것을 기억하고, 무게를 내려놓으면 좋겠다. 엄마 탓, 결코 아니다.

일하는 엄마의 죄책감

윤여선은 LG그룹 최초의 여성 임원이었다. 그녀는 은퇴를 한 후 인터뷰를 통해 자신이 워킹맘으로서 겪었던 수많은 난관에 대해 이야기하면 세상의 많은 워킹맘들에게 조언을 전했다.

"일하는 여성에게는 육아가 제일 큰 딜레마거든요. 엄마들이 그렇게 열심히 살면서도 죄책감을 갖고 있어요. 내가 일하는 동안 애가 희생되지 않을까 하는 죄책감 말이에요. 절대로 그렇지 않아요. 아이가 성장하는 과정에서 조금 잘못될 수도 있고, 엄마가 일을 하든 아이에게 전념하든 똑같이 일어날 수 있는 일이에요."

아이가 겪는 다양한 변화는 아이가 성장하는 과정이다. 엄마가 일하고, 안 하고는 중요한 것이 아니다. 그녀는 이런 이야기도 덧

붙였다.

"후배들이 이런 고민을 눈물을 흘리면서 말을 해요. 선생님의 면담신청으로 학교에 불려갔는데, 선생님 첫 말씀이 '어머니가 일하셔서 그런지 아이가 몹시 주의가 산만합니다. 요즘 성적도 더 떨어지구요. 요즘 더 바쁜 일이 있으신가요?' 라고 묻는다는 거예요. 그런데 참 재미있는 것은 그렇게 질문한 선생님도 일하는 엄마라는 거죠."

우리 사회가 가진 일하는 여성에 대한 고정관념에 대해서 생각해볼 필요가 있다. 그리고 그 고정관념에서 벗어나야 한다. 워킹맘이든 전업맘이든 엄마가 열심히 산다는 것 자체가 중요할 뿐이다. 엄마가 열심히 산다는 것은, 그것을 아이가 보고 있다는 것은 육아에서 정말 중요한 대목이다. 워킹맘으로 살면서 아이도 잘 키우고 자기 삶도 멋지게 가꾼 선배 엄마, 윤여선의 말은 수많은 엄마들에게 힘과 용기를 준다. 엄마가 일한다고 해서 죄책감 가질 필요가 전혀 없다.

정성과 열정, 둘의 균형만 있다면 아이는 잘 자란다

아이에 대한 죄책감은 아이에 대한 모든 책임을 내가 떠안겠다는 결연함에서 온다. 아이가 과체중이거나 저체중이면 엄마인 내가 정서적으로 혹은 아이의 영양 문제를 챙기지 못 했던 것이 아닐까 하고 생각한다. 아이가 성적이 잘 안 나오면 내가 아이의 공부를 꼼꼼히 봐 주지 못 해 그렇게 된 것만 같다. 아이가 적응력이 떨어지면 나의 사회성을 의심하며 곱씹고, 버릇없는 행동을 하면 나의 자율적인 육아 방식을 탓하게 된다.

하지만 사실 성장하는 아이의 모습은 계속 변한다. 다만 엄마의 현재 목표와 아이의 속도가 다를 뿐이다. 그리고 엄마로서 아이를 위해 마음을 다하지 않는 사람은 없다. 아이를 위한 정성과 엄마의 삶을 위한 열정, 그 두 가지의 균형을 가지고 있다면 아이가 엄마로 인해 잘못 자랄 일은 없다.

최근에 한 지인이 이혼했다. 그녀는 딸 하나를 키우고 있었다. 아이는 똑똑하고, 예의 바른 예쁜 아이였다. 그녀는 아이를 출산한 후부터 남편의 폭력을 겪었다. 잔인한 시간이었다. 하지만 그녀는 딸에게 엄마, 아빠가 있는 온전한 가정을 주고 싶었고, 구김살 없는 아이로 성장하기를 바랐다. 그래서 그녀는 온 힘을 다해 아이가 집안에서 벌어지는 일을 전혀 눈치 채지 못 하게 생활했다. 그것이 어찌 가능했나 싶지만, 그 과정에서 그녀의 마음은 곪아갔다. 그러던 어느 날 그녀는 아이의 삶에 아이의 몫을 남겨 놓기로 결심한다. 이혼하고 다른 지역으로 떠나기로 했다. 아이는 엄마를 따라가기로 했다. 하지만 과정이 순조롭지는 않았다. 아이는 지금껏 편안한 환경에서 생활했기 때문에, 상황을 완전히 이해하지도 못 했고, 엄마의 결정에 대한 반감이 강했다. 하지만 그녀는 자신의 온전한 감정과 몸을 되찾기로 했고, 아이에게 선택의 문을 활짝 열어두었다. 아이는 수개월 동안 엄마에게 원망의 말을 쏟아냈다. 하지만 이제 그녀는 마음이 한결 가벼워졌다고 했다. 엄마의 삶과 아이의 삶을 분리하고, 아이의 삶은 아이가 선택할 수 있도록 지지하는 방법을 택한 것이다. 아이에 대한 죄책감과 불안을 내려놓기로 결심하니 자신의 삶을 제대로 살 수 있게 된 것이다. 시간이 조금 더 흐르면 아이도 엄마의 균형 있는 선택을 이해하고 응원할 것이다.

『임포스터』의 저자, 리사 손 교수는 "여성 양육자들이 슈퍼우먼의 가면을 벗어야 한다"고 말한다. 모든 것을 완벽하게 한다는 것은 불가능하다는 것을 인정하고, 도움을 받아야 해낸다는 것이다. 그렇다. 엄마가 슈퍼우먼은 아니다. 스스로를 슈퍼우먼이라 생각하면, 아이에게 문제가 생겼을 때 무언가를 놓친 나를 자책하게 될 것이다. 그리고 뭐 몇 개 놓치면 좀 어떤가?

아이에 대한 죄책감을 내려놓자. 인과관계를 찾는 습관을 던져보자. 육아는 한결 가벼워지고, 나와 아이의 진짜 마음을 들여다볼 수 있을 것이다. 아이의 새끼발톱까지 사랑하는 당신은 아무런 잘못이 없다.

아이를 안 듯 나를 안는 시간

이탈리아의 작가 엘레나 페란테의 소설 『잃어버린 사랑』은 아이를 키우느라 '내 삶에서 중요한 시절'을 쓸 수밖에 없는 엄마들의 속마음에 대한 이야기로 채워져 있다.

마흔여덟 살의 대학교수 레다는 그리스 바닷가의 한적한 마을로 혼자 휴가를 떠난다. 한동안 느긋한 시간을 보내며 머물 생각이었다. 그런데 대가족이 휴가를 왔다. 그 가족 안에는 젊고 예쁜 엄마인 니나와 엄마에게 착 달라붙어 떨어지지 않는 귀여운 딸 엘레나가 있었다. 레다는 다정한 모녀를 힐끔힐끔 훔쳐본다. 니나의 시누이 로사리아가 다가와 레다에게 말을 건다. 산달이 얼마 남지 않은 배를 쓰다듬으며, 레다에게도 아이들이 있느냐고 묻는다.
"딸이 둘 있어요. (중략) 곧 알게 되겠지만…. 자식들이란 정말 끔찍한 부담이에요."
곧 아이를 낳을 여자에게 덕담 대신 악담을 건네는 레다 역시 한때는 '젊고 예쁜 엄마'였다. 마음속 비밀을 감춘 레다의 이야기를 보고 있자면 안쓰러운 마음으로 먹먹해진다. 레다는 감정과 욕망에 자유로울 수 없었다. 그것은 자신과 사회가 인정하는 범위 안에서만 드러내야 했기 때문이었다. 엄마라면 누구나 가질 만한 동질감이 느껴진다.

레다가 바닷가의 숙소에 처음 도착했을 때의 장면은 매우 인상적이다. 레다는 테이블 위 바구니에서 예쁜 과일 하나를 집어 든다. 다 썩어버린 과일의 밑바닥이 그제야 보인다. 겉보기에는 멀쩡하지만, 속으로는 썩어 문드러진 것들의 바구니였다. 엄마로서의 책임과 한 개인의 시간이 그 바구니 안에 담겨 있었다.

한때는 젊고 예쁜 엄마였던 레다가 썩어 문드러진 과일과도 같이 안타깝게 변한 이유는 무엇일까? 엄마의 책임감과 인간으로의 욕망이 상충할 때, 그것을 잘 다루지 못 한 엄마의 상처 때문이다. 무거운 시간을 지나 이제는 차갑게 식어버린 표정의 레다에게 필요했던 것은 엄마가 아닌 인간으로의 내면을 잘 돌볼 시간이 아니었을까? 아이를 안는 것처럼 엄마인 자신을 따뜻하게 안아 주는 시간이 아니었을까?

나를 안아 주는 것은 나만을 위한 시간을 마련하는 것이다. 그 시간 안에서는 어떤 감정이나 생각도 막힘없이 흐르도록 허용하는 것이다. 나를 안는 시간은 극도로 정직한 시간이며, 무엇이든 가능한 시간이다. 나를 안으면 따뜻한 피가 온몸에 돌아 마음과 말이 따뜻해지고, 발바닥이 말랑말랑해져 걸음은 통통 튀듯 가벼워진다. 사랑과 의지가 솟아오르고, 그것은 아이에게 그리고 내일의 나에게 전해진다. 아이를 잠시 내려놓고 나를 안아보자.

내가 나를 알고, 내가 나를 안고

"너는 스스로 똑바로 서야 하지 남에 의해 똑바로 세워져서는 안 된다."

『명상록』에서 마르쿠스 아우렐리우스는 이렇게 말했다. 나를 안아 주는 것은 나를 알아가고 이해하는 것이다. 요즈음은 작은 문제들도 전문가에게 찾아가 묻고 도움을 받는 것을 당연하게 여긴다. 그리고 수치화된 결과를 얻고자 하는 분위기가 만연하다. 아이의 일도, 엄마의 일도 가만히 들여다 보는 것보다는 기관이나 전문가를 찾거나 검색을 통해 답을 찾으려 한다. 그렇게 해서 진단명을 붙이거나 분류된 유형에 꿰맞춰 해석한다. 그리고 전문가에게 솔루션을 얻는다. 그렇게 해야만 안심이 되는 듯하다.

하지만 사실은 그 어떤 진단명이나 성격 유형도 나를 정확히 설명할 수 있는 것은 없다. 내가 나를 알고, 내 마음을 움직이는 것만큼 좋은 솔루션은 없다.

언제가 나를 힘들게 했던 문제 때문에 심리 상담을 받은 적이 있었다. 당시에는 움츠러든 마음이 펴지지 않아 누군가의 도움을 받아야겠다고 생각했었다. 상담을 종료하면서 상담사가 상담 과정을 기록한 노트를 주었다. 얼마 전에 그 노트를 다시 읽어 보았다. 그 노트는 상담 동안 내가 했던 이야기들로 채워져 있었다. 나의 기억과 감정을 떠올리고 확인하며 결국 나 스스로 앞으로 갈 길을 찾아갔었다는 것을 알게 되었다. 물론 상담사가 그 길을 잘 찾을 수 있도록 도왔을 것이다. 하지만 지금 돌아보니 그때 내가 상담이 필요했던 이유는 스스로 할 수 있다는 자신감이 없어서였을 뿐이었다는 것을 알게 되었다.

76세에 그림을 시작해 80세에 개인전을 열고 100세에 세계적인 화가가 된 에나 메리 로버트슨 모지스는 92세에 자신의 인생을 돌아보며 자서전을 출간했다. 그녀는 자서전에 지나온 굴곡진 삶의 여정을 담담하게 써 내려간다.

"나는 참 행복한 인생을 살았습니다. 물론 나에게도 시련이 있기는 했지만, 그저 훌훌 털어버렸지요. 나는 시련을 잊는 법을 터득했고, 결국 다 잘될 거라는 믿음을 가지려고 노력했습니다."

시련이 많았던 삶을 관조적으로 볼 수 있는 모지스의 시선이 그녀의 그림만큼이나 따뜻하게 느껴진다.

시련을 잊는 법과 다 잘될 거라는 믿음을 가지는 것은 모두 그녀 자신을 위한 길이었다. 그리고 스스로를 안아주는 시간을 통해 완성한 것이었다. 그리고 그 따뜻한 시간이 캔버스에 고스란히 남겨졌다.

나는 내가 제일 잘 안다. 나를 들여다 보고 안아 주는 것은 누구보다도 내가 가장 잘할 수 있다. 그 시간이 쌓여 온전하고 따뜻한 내가 된다.

글을 쓰는 시간, 나를 안는 시간

나를 안는 시간에 내가 했던 일은 글쓰기이다.

이 책을 쓰기 시작할 때는 둘째 아이가 백일쯤 되었을 무렵이다. 갓 초등학교에 입학한 첫째 아이는 생각보다 챙길 것들이 많았고, 둘째는 24시간 돌봐야 했다. 이 두 아이들을 데리고 글을 쓰기 위해 나는 많은 것들을 새롭게 준비해야 했다. 우선 안방 아기 침대 곁으로 책상을 옮겼다. 그리고 아이들을 돌보는 와중에 틈이 나는 시간을 어떻게 사용할것인지 계획했다. 낮에는 아이들을 돌보거나 다른 일들을 처리해야 하는 경우가 많았다. 그래서 가족들 모두가 잠든 밤에 글을 쓰기 시작했다.

가족들이 모두 잠들고 나면 머리를 싸매고, 울고, 웃고, 땅을 파고, 산꼭대기에 올랐다가, 망망대해를 헤엄쳐서 돌아왔다. 그날치 계획했던 글을 다 마무리하고 나면, 엉엉 울고 난 뒤에 느껴지는 후련함 혹은 시원하게 웃으면 차오르는 듯한 충만한 감정이 늘 뒤따랐다. 어떤 것으로도 대체할 수 없는 시간이었다.

나의 시간과 감정을 단어로 그리고 문장으로 되살려낸 뒤 그것을 다시 보았다. 그렇게 내가 겪은 사건과 감정을 객관화 해서 볼 수 있었다. 그러면 감정에 휘둘리거나 두려워하지 않게 된다는 것을 알게 되었다. 그렇게 글쓰기는 나를 온전한 나로 끄집어 내는 작업이었다. 글쓰기는 진짜의 나를 마주하고, 직면하고, 그리고 다시 나아가게 하는 일이었다. 나의 삶이 다시 시작된 소중한 시간이었다.

'시간의 한끝은 당신이 가지고 한끝은 내가 가졌다가 당신의 손과 나의 손과 마주 잡을 때에 가만히 이어 놓겠습니다.'

시인 한용운의 시 〈당신 가신 때〉의 한 구절이다. 육아의 파도를 타고 넘실대며 살아온 지 8년. 돌아보면 그동안 큰 이벤트가 참 많았다. 그리고 그 과정에서 나는 변화했다. 그중에서 전과 후의 변화가 가장 극명한, 한끝과 다른 한끝이 분명하게 나누어진 기점이 무엇이냐 묻는다면 주저 없이 말할 수 있다. 바로 글쓰기를 시작한 것이다. 글을 쓰기 시작한 것은 판 자체가 근본적으로 바뀌는 경험이었다. 글쓰기는 내 삶의 한 글자, 한 페이지를 들여다 보게 했고, 내가 무슨 이야기를 하고 싶은지 제대로 알게 했다. 나 스스로 내 시야를 넓혀갔다. 시간이 흘러 나의 시간이 정렬될 때, 단 몇 개의 문장으로 정리할 수 있는 순간이 오면 글쓰기는 내가 살아온 시간을 관통하는 키워드가 될 것이다.

오늘도 이어지는 글쓰기는 나를 차분하게 안으며, 밀도 있는 하루를 살게 한다.

비행기를 타면 좌석 앞에 있는 안전 매뉴얼에 산소마스크 착용에 관한 내용이 있다.

'마스크가 내려오면 본인이 착용한 후에 아이나 노인의 착용을 도와야 한다.'

Put your oxygen mask on first, before helping others.

비행 중에 산소마스크를 써야 할 정도의 문제가 생기면 아이를 보호하기 위한 행동을 먼저 하게 될 것이다. 하지만 매뉴얼의 지침은 위험한 상황에는 아이를 먼저 보호하려고 하고, 좋은 것이 있으면 아이에게 먼저 주려고 하는 습관적인 생각에 브레이크를 거는 이야기였다. 엄마인 내가 무사하게 살아 있지 못하면 누구도 돌볼 수 없다. 아무리 소중한 아이라 하더라도.

엄마의 마음을 잘 챙기는 것이 먼저이다. 그것을 소중하게 들여다보고 안아 주는 것이 우선이다. 그렇게 투명하고 편안해진 엄마의 마음은 사랑하는 아이에게 그대로 전해질 테니 말이다.

바쁜 중에도 나를 위한 시간과 공간을 마련하고 정성을 내어 준다는 것은 생각으로도 이미 마음이 너그러워지는 일이다. 아이를 안아주듯 나를 안아 보자.

.

PART 8

엄마의 꿈은
현재 진행형

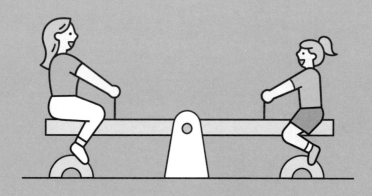

아무것도 하지 않으면
아무 일도 일어나지 않아

모든 것을 걸고 싶은 일이 나타났을 때

남다른 패션 감각으로 주목받는 방송인 김나영은 자신이 오랫동안 꿈꿔왔던 일을 위해 과감한 선택을 한 일화로 유명하다. 그녀는 방송에 나와 특이한 말과 행동, 옷차림으로 사람들에 웃음을 주며 자신만의 캐릭터를 만들었다. "이렇게 하면 재미있겠구나." 싶어서 시작한 것이었지만 자꾸만 한 캐릭터로 굳어지며 진짜 자신은 없어지는 듯한 느낌으로 인해 정체성의 혼란이 왔다고 한다. 그때가 30대 초반이었다.

그러던 중 패션에 대해 다루는 프로그램에 출연할 기회가 주어졌다. 주변의 우려와 만류를 뒤로하고 자신의 모든 것을 걸었다. 그녀는 차를 팔아 가방과 옷을 샀다. 소속사 대표에게는 정신 차리라는 말을 듣고, 선배 방송인에게는 '거지꼴을 못 면할 것'이라는 거친 충고까지 들었다고 회상했다.

"너무 하고 싶었고, (파리에) 너무 가고 싶었어요. 그때 저의 모든 걸 걸었죠. 차를 팔아서 가방을 샀어요. 사치스러운 게 아니라 공장을 돌리려면 기계가 필요하듯 저는 그전에 그런 기계들이 없어서 산 거예요."

김나영은 그 기회를 잡지 않으면 후회할 것 같았다고 한다. 그리고 모든 것을 걸고 준비한 끝에 그녀는 꿈에 그리던 파리 패션위크에 가게 되었다. 기적과도 같은 일이었다.

당시 그녀는 누구에게도 초대받지 않았었고, 온전히 자신의 힘으로 자신의 패션을 알려야 하는 상황이었다. '맨땅에 헤딩'이란 그런 것이었을 것이다. 그녀는 일부러 과감한 옷과 소품을 사용했다. 그리고 많은 포토그래퍼가 모이는 시간과 장소를 찾아내고, 유명한 포토그래퍼의 주변을 계속 배회하는 등의 노력을 했다고 한다.

그녀는 드디어 화려하고 독특한 패션으로 시선을 끌며 사진을 찍히는 데 성공한다. 그녀 자신도 민망했지만 방법은 그것뿐이었다고 한다. 그 후 독보적인 패션 감각으로 세계적인 스포트라이트를 받게 된다. 그녀의 패션은 그라치아, 보그, WWD, 하퍼스바자 등 글로벌 패션지에 메인 페이지를 장식하는 기염을 토했다. 이제 그녀를 알아보는 세계적인 포토그래퍼들 사이에서 김나영은 'NY Kim', 'nayoung Kim'으로 통한다. 이제는 국내에서는 그녀를 대표 트렌드세터trend setter로 꼽는다.

예능의 수많은 러브콜을 뒤로하고 과감하게 패션으로 승부수를 띄운 그녀는 진정 원하는 길을 간 것이다. 누가 뭐라 하든 말이다. 만약 계속 우스꽝스러운 캐릭터로 예능 프로그램에 남아 있었다면 오늘의 그녀는 세상에 없는 것이었다. 아무것도 하지 않으면 아무 일도 일어나지 않는 것이다.

삶은 타고난 대로 사는 것이 아니라 마음먹은 대로 사는 것이다

"사람들은 자신이 하고 싶은 일 앞에서 그 일을 할 수 없는 수천 가지 이유를 찾고 있는데, 정작 그들에게는 그 일을 할 수 있는 단 한 가지 이유만 있으면 된다."

미국의 화학자 윌리스 R. 휘트니는 크고 작은 핑계로 주저하는 사람들에게 일침을 날렸다. 어쩌면 과거에 상처받은 기억, 타고난 성격과 환경 때문에 주저앉아 있을지도 모른다. 움츠러들게 만드는 기억을 타인의 일이라 생각해 보자. 그리고 몇 발짝 떨어져서 이야기해 보자. "그건 결코 네가 할 수 없는 일이야." 라고 말할 수 있는가? 아마 반대로 이야기하고 있을 것이다. "그래도 할 수 있어.", "너니까 할 수 있어."

성공의 가능성이 작은 것과 불가능한 것은 엄연히 다른 문제이다. 그리고 낮은 가능성이라는 것도 틀린 생각인 경우가 많다. 실제로 여러 제약이 있다고 하자. 그러면 다른 부분에서 장점을 극대화해서 그 가능성을 높이면 될 일이다. 삶은 타고난 대로 사는 것이 아니라 마음먹은 대로 사는 것이기 때문이다. 어차피 삶은 크고 작은 무수한 일들과 투쟁하는 것이다. 그것들을 회피하거나 포기하면 그대로 끝이 난다. 결국 나를 약하게 만드는 것들과 정면승부를 해야 한다. 스스로 그 문턱을 넘기만 하면 이미 일은 시작된 것이다. 내가 가야 할 길의 문턱 높이는 내 마음에서 정한 높이이다.

"전부 당신이 결정한 것이다."

심리학자 아들러는 무엇을 가지고 태어났는지가 아니라 주어진 것을 어떻게 활용할지가 중요하다고 설명했다. 무언가를 시작할 의욕이 없을 때, 그것은 의욕이 없어진 것이 아니라 의욕을 내지 말자고 스스로 결정한 것뿐이라는 것이다. 또 아들러는 변할 수 없는 것이 아니라 변하지 말자고 스스로 결정한 것뿐이라고 이야기한다.

"나만 왜 이렇게 힘들까?", "나는 왜 늘 가난할까?", "나는 왜 이렇게 늘 약할까?"에 대한 답을 찾고 있는가?

답은 내 안에 있다.

설렘이 증폭되는 지점에서 나를 위해 무언가를 시작하라

무언가를 시작하기에 앞서 머뭇거리고 있다면, 우선 자기 자신에게 솔직한 답을 들어볼 것을 추천한다. 내 안의 잠재력이 부족한 것인지, 시도할 용기가 부족한 것인지. 주저하는 것은 내가 부여한 부정적 기억과 의미에 발목 잡혀서 용기를 내지 못하는 것이다. 의미는 세계가 부여한 것이 아니라 내가 부여한 것임을 기억하자. 그것을 자각하고 나를 긍정의 세계로 끌어 올리는 것은 나스스로가 아니면 아무도 해 주지 않는다. 그리고 나에게 주어진 것들을 생각해 보자.

중요한 것은 주어진 것이 아니라 "이제 그래서 어떻게 할 건데?"이다. 아이가 엄마 껌딱지라서, 남편이 이해심이 없는 편이라서, 경제적으로 어려워서, 내가 할 줄 아는 게 없어서 등 이유를 대려면 한도 끝도 없다. 게다가 상황은 어쩌면 지금보다 더 어려워질 수도 있다. 원래 인생은 어떤 일도 생겨날 수도 있는 것이다. 그때마다 주저앉아 있기만 한다면 주저앉게 되는 일은 반복될 것이다.

나를 둘러싼 상황과 과거의 경험에 숨는 대신 당당하게 나서라. 작은 실패들이 반복되더라도 그 안에서 계속해서 배우며 굵직한 성공 하나를 만들면 된다. 설렘이 증폭되는 지점에서 나를 위해 무언가를 시작하라. 그것이 나를 진정으로 사랑하는 것이다.

성장은 나선형으로

아이를 키우는 동안 일상을 사는 하루하루가 다람쥐 쳇바퀴 돌듯 엄마의 인생은 제자리를 맴도는 것 같이 느껴질 때가 있을 것이다. 그래서 이제는 자신이 없어지기도 할 것이다. 아이를 생각하면, 내 나이를 생각하면서 주저하게 될지도 모른다. 하지만 아이를 낳고, 젖을 먹이고, 이유식을 만들며, 유모차를 끌고 수백만 보를 걸었을 시간 안에서 꿈은 나선형 모양을 그리며 앞으로, 앞으로 나아가고 있었다. 이제 그 나선의 폭을 넓혀 나가기만 하면 된다.

바닷가재는 흐물흐물한 동물이다. 다만 살고 있는 껍질이 딱딱할 뿐이다. 그런데 그 껍질은 늘어나지 않는다. 그러면 바닷가재는 어떻게 성장하는 것일까? 바닷가재가 자랄수록 껍데기는 당연히 조여온다. 바닷가재는 점점 압박감을 심하게 느끼면서 불편한 상황에 부닥친다. 성장이 시작되는 것은 바로 그때부터이다. 낡은 껍질을 버리고 새 껍질을 만드는 것이다. 시간이 지나 몸이 다시 자라나면 껍질을 벗기 위해 다시 새로운 껍질을 만드는 일을 반복한다. 바닷가재는 이 행동을 수없이 반복하면서 성장한다.

웨이트 트레이닝을 처음 시작하면 며칠 정도는 몸이 천근만근, 제대로 앉거나 걷기도 힘들다. 하지만 점점 익숙해져 오히려 몸이 가뿐해짐을 느낀다. 그러면 처음에 6kg으로 시작했던 바벨의 무게를 10kg으로 올린다. 그러면 다시 몸은 처음과 같은 통증을 느낀다. 우리 몸의 근육세포는 다치고 찢어지며, 영양분을 섭취하면서 재생한다. 이 과정을 반복하면서 힘이 있는 근육과 순발력, 지구력이 있는 근육들이 늘어나게 된다. 그렇게 10kg, 20kg, 25kg으로 늘려가며 변화를 눈으로 확인하면, 내 몸의 성취와 근육의 성장에 매료되게 된다.

엄마가 자신의 성장을 위해 무언가를 하려고 할 때는 끊임없는 방해와 도전, 그것으로 인한 불편함과 스트레스가 늘 함께할 것이다. 바닷가재의 껍질처럼, 내 몸의 근육처럼 조금 더 새로운 크기와 방향이 늘 요구될 것이다.

그러나 그런 변화에 대한 요구는 나를 무너뜨리러 찾아온 것이 아니라 나를 한층 더 성장시키려고 왔다는 것을 기억하자. 그 지점에서 다음 단계를 실행하면 된다. 오늘 무엇이든 하면 내일은 새로운 이력 하나가 생겨나 있다. 걱정하지도 말고, 위축되지도 말라. 엄마로 살아온 시간이 남다른 안목을 열어 줄 것이고, 더 강해진 내면은 꿈꾸는 것을 이루어지게 할 것이다. 한 발 내디디면 이제 곧 삶의 클라이맥스가 찾아온다. 아무것도 하지 않으면 아무 일도 일어나지 않는다.

"인생을 바꾸고 싶다면 즉시 시작하라. 그리고 최대한 화려하게 실행하라. 예외는 없다."

_ 제임스 윌리엄스

엄마를 위한 시간, 돈, 마음을 아끼지 말라

무엇을 가지고 무대에 오를 것인가

돌멩이 다섯 개를 골라 가방에 담은 다비드는 용감하게 골리앗과 맞선다. 갑옷도 칼도 없이 팔매와 돌멩이 다섯 개로 무장한 왜소한 다비드가 거인 골리앗을 상대로 이길 수 있을 거라고 생각하는 사람은 아무도 없었다.

하지만 투지와 굳건한 신념으로 무장한 다비드의 돌팔매는 골리앗의 이마를 정통으로 맞춰 쓰러뜨린다.

이탈리아 로마에 있는 보르게세 미술관에서 잔 로렌조 베르니니의 다비드상을 본 적이 있다. 흔히 다비드상이라고 하면 미켈란젤로의 다비드상을 떠올리지만 베르니니의 다비드는 다르다. 미켈란젤로의 수려하고 균형 잡힌 외모를 가진 다비드가 아니라 골리앗을 향해 돌팔매질을 하는 역동적인 자세의 다비드이다. 팔매에 돌을 장전하고, 반드시 골리앗을 쓰러뜨리겠다는 집중력으로,

온몸의 힘을 다 끌어올려 돌팔매로 돌을 쏘아내기 직전, 다비드상의 근육과 표정에는 이미 승리가 느껴진다.

나는 마음이 산만해질 때마다 이 베르니니의 다비드상을 떠올리며 의지를 끌어올리곤 했다.

엄마로 살아간다는 것은 마음을 써야 할 수백 가지의 것들을 가지고 있음을 의미한다. 아이들은 하루가 다르게 커가고, 챙겨줘야 할 내용 또한 계속 달라진다. 부모님이 아이들을 전적으로 돌봐준다고 하더라도, 결정하고 준비해야 할 많은 것들이 늘 존재한다. 아이가 열이라도 나면 며칠 밤을 뜬눈으로 보내기도 하고, 그렇게 아이의 열이 내리고 나면 엄마가 몸살이 나기도 한다. 가족을 둘러싼 여러 관계도 유지해야 한다. 돈도 벌어야 하고, '엄마'라는 프레임을 만드는 사회적 편견도 마주해야 한다. 그런 하루하루가 쌓이면 오늘이 어제 같고, 어제는 오늘 같은 기분이 드는 번아웃이 오기도 한다. 아이는 커가지만, 점점 체력과 자신감은 떨어지고, 엄마 꿈의 시계는 점점 느려진다.

엄마의 꿈은 시간이 지날수록 흐릿해질지도 모른다. 그런 날엔 꼭 기억하자. 엄마의 꿈이 무대에 오를 날은 반드시 온다는 것을. 그날이 되어 무엇을 가지고 무대에 오를 것인지를 생각해야 한다.

그날을 위해 엄마가 준비해야 할 것은 '다비드의 돌멩이'이다. 곧 다가올 전투에서 승부를 낼 무기인 돌멩이. 돌팔매질 실력을 갈고닦고, 탁월한 안목으로 골라 주워 담은 돌멩이는 내면의 두려움, 세상의 편견과 같은 골리앗쯤은 단숨에 넘어뜨릴 것이다. 이제 엄마는 자신의 돌멩이를 위해 시간과 돈과 마음을 준비하면 된다.

엄마의 시간에 의미를 부여하자

고대 그리스인들은 시간을 두 가지 방법으로 구분했다. 크로노스는 물리적으로 흐르는 시간이며, 모두에게 주어지는 24시간이다. 카이로스는 주관적 의미가 부여된 개인의 시간, 때를 의미한다. 엄마가 자신의 꿈을 위해 쓰는 크로노스의 시간은 절대적으로 부족하다. 크로노스의 부족함을 카이로스가 해결해 줄 수 있다. 엄마의 꿈을 위해 한정된 시간을 '꿈을 위한 소중한 순간'이라는 의미를 부여하는 것이다. 카이로스는 '지금 무엇을 하면 되는가?'에 대한 답을 준다. 의미가 부여된 시간은 무엇을 하든 하나의 목표 지점으로 모이게 된다. 식사를 준비할 때도, 아이를 씻길 때도 엄마의 꿈을 위한 의미를 찾아낼 수 있다. 그리고 시간에 한번 의미를 부여하면 한순간도 허투루 보내지 않게 된다. 짧은 시간의 한 조각까지 긁어모으는 자신을 발견하게 될 것이다.

엄마의 모든 시간, 모든 순간

이탈리아의 토리노 박물관에 카이로스 조각상이 있다. 조각상은 앞머리는 무성하고 뒷머리는 대머리인 모습을 하고 있다. 발에는 날개가 달려 있고, 손에는 저울과 칼을 쥐고 있다.

"내가 앞머리가 많은 이유는 내가 누구인지 사람들이 금방 알지 못하게 하고, 내가 앞에 있을 때 쉽게 잡을 수 있도록 하기 위함이다. 뒷머리가 대머리인 이유는 내가 뒤로 지나가 버리면 다시는 붙잡지 못하도록 하기 위해서다. (중략) 날카로운 칼을 들고 있는 이유는 칼날같이 결단하라는 의미이다. 나의 이름은 기회이다."

자기계발 강의로 유명한 스타강사 '김미경 아트앤스피치앤커뮤니케이션' 대표는 끊임없이 새로운 분야에 도전하는 것으로도 유명하다.

그녀는 55세에 영어 공부를 시작하기로 결심했다. 미국 현지에서 영어로 강의하고 싶다는 목표가 생겼기 때문이었다. 그녀는 새벽 네 시 반에 일어나서 몇 시간씩 영어 공부를 했다. 그리고 시간을 쪼개서 공부해 하루에 다섯 시간 이상 영어에 투자했다고 한다.

공부를 시작한 지 2년 만에 그녀는 펜실베이니아 대학에서 영어로 강의하게 되었고, 이후에 『총, 균, 쇠』의 저자 제레미 다이아몬드, 펜실베이니아 와튼스쿨의 최연소 종신 교수 애덤 그랜트, 세계적 투자자 짐 로저스 등 해외 명사들과 대담 인터뷰도 이어가고 있다.

그녀는 시간을 쪼개고, 긁어모아서 꿈을 이루고 있다.

엄마에게 주어진 모든 시간, 모든 순간에는 기회가 숨어 있다.

숨어 있는 기회를 찾아내 붙잡아라.

엄마의 꿈을 위해서도 돈을 써야 한다

은재는 초등학생 딸 둘을 둔 워킹맘이다. 그녀의 아이들은 영어, 피아노, 태권도 등의 학원에 다니며 보통의 아이들처럼 방과 후의 시간을 보내고 있었다. 은재와 남편은 퇴근이 이르지 않아서 평일에 아이들을 직접 가르치거나 함께 놀 수는 없었기 때문에 한 선택이었다. 하지만 아이들은 학원에 가기 싫어하는 날이 많았고, 학년이 올라갈수록 사교육비의 부담은 점점 늘어갔다. 전체 수입의 3분의 1을 사교육비로 썼다. 대학원에 가서 공부를 조금 더 하고 싶은 마음도 여유가 없어 자꾸만 미루는 중이었다. 아이들이 어릴 때 여행도 많이 가고, 다양한 경험도 많이 시켜 주고 싶은데, 모든 경험에는 돈이 필요했다. 노후는커녕 10년 뒤의 삶도 전혀 준비되지 않는 듯했다.

어느 날 은재는 결심한다. 아이들이 큰 흥미를 갖지 않는 것, 재능이 없어 보이는 사교육이나 활동은 모두 중단하기로 했다. 아이들과 충분히 대화한 뒤에 남은 것은 오직 큰 딸의 피아노학원뿐이었다. 처음에는 "이래도 될까?" 하는 생각에 잠이 안 오기도 했다. 하지만 한 가정 안에 아이들만 사는 건 아니라는 생각이 들었고, 아빠와 엄마를 위한 투자도 아이들에 대한 투자만큼 이루어질 수 있어야 한다는 생각이 선명해졌다.

이제는 아이들의 학원비로 썼던 상당액의 돈을 온 가족이 함께 하는 여행과 문화생활에 쓴다. 그리고 남편은 1년간 육아휴직을 해 방과 후의 아이들을 돌보며 그동안 하고 싶었던 일본어 공부를 하기로 했다. 은재는 미뤄왔던 대학원 진학을 실행하기로 했다. 아이들을 위해서만 쓰이던 사교육비의 방향을 전환한 은재의 결정은 참으로 신선했다. 엄마의 성장과 가족의 성장으로 투자의 방향이 바뀐 것이다.

"마음 가는 데 돈 간다."라는 말이 있다. 엄마 자신의 꿈에 마음을 두고, 엄마 자신을 위해서도 돈을 쓰자. 아이에게 쓰는 사교육비 중에서 학원 전기세를 보내 주는 과목이 있다면 미련없이 정리해서 자신을 위해 투자하자. 아이든 엄마든 지금 더 간절한 사람이 쓰는 것이 맞다.

엄마의 꿈에게는 마음의 가장 좋은 자리를 내줘야 한다

"나는 내게 거추장스러운 것은 깡그리 쓸어버렸다. 나를 극복하자 나는 테무친이라는 이름 대신 칭기즈칸이 되었다."

칭기즈칸은 험난한 삶을 살면서 끊임없는 자신과의 싸움을 벌였다. 그리고 동서양의 길을 열고, 전후로 유례없는 거대제국을 세웠다. 그의 도덕성에 대한 평가를 고려하더라도 최대제국의 최고 리더임은 부정할 수가 없다. 그는 오직 꿈을 이루기 위해 자신에게 집중했고, 강점과 약점을 정확히 인지했다. 그리고 갖고 있어야 할 것과 버려야 할 것을 분명하게 구분했다. 그는 자신의 꿈을 위해 마음을 쓰는 법을 정확히 알고 있었다.

엄마가 자신을 위해 무언가를 하려고 하면 가족들의 저항이나 사회적 편견을 마주해야 할 경유가 많다. 과거에 비해 분위기가 많이 달라지기는 했지만 아직도 많은 부분에서 어려움이 느껴지는 것이 사실이다. 그래서 시도하는 것이 두렵고, 주저하게 된다. 눈치를 보기도 하고, 어렵게 시작한 것을 유지하지 못 하고 포기하게 될 때도 있다. 특별히 나약해서도 무능해서도 아니다. 그럴 수 있다.

하지만 그럴 때 엄마의 꿈에 마음의 가장 좋은 자리를 내어 주어야 하는 것을 잊지 말아야 한다. 실패에 대한 두려움, 주저하는 마음, 눈치 보는 일 등 거추장스러운 군더더기들을 치우고, 가장 깨끗한 마음의 자리를 내어 주자. 자신에게 정성을 쏟는 일은 살아 있는 자체를 커다란 희열로 만들어 준다.

자신의 성장을 선택하고, 투자하고 마음을 더하면 이루지 못 할 일은 없다. 그리고 이 과정은 앞으로 수십 년간 삶을 살면서 마음만 먹으면 모든 것을 집중시킬 수 있다는 큰 자신감을 줄 것이다. 1년 뒤의 나와 3년 뒤의 나, 10년 후의 나를 떠올리며 나를 위한 정성을 다해 보자.

"지금 우리가 해야 할 일은 다시 한 번 최선을 다해 새로운 인생을 사는 것이다. 지금 이 순간, 그리고 그 다음 순간에도 온 힘을 쏟아 최고의 인생을 살아내는 것이다."

_ 프리드리히 니체

엄마의 심장은 지금도 뛰고 있다

Count your blessing

매일 밤 아이가 잠들 때까지 곁에 있어 주었다. 아이는 잠들기를 미루면서 이런저런 이야기를 하곤 했다. 한참을 종알거리던 아이가 조용해졌다. "이제 잠이 들었나 보다." 하고 생각하고 있었다. 그때 아이가 말했다.

"엄마, 난 엄마가 글 쓰는 모습이 정말 멋있다고 생각해."

아이 옆에서 누워 눈을 감고 있다가 정신이 번쩍 들었다. 시간이 멈춘 것 같았다. 아이는 커갈수록 엄마의 일에 관심이 뜸해지고 있다고 생각했었다. 그런데 사실은 아니었다. 아이는 늘 나를 보고 있었고, 마음으로 응원하고 있었다. 내가 아이를 키우고 있는 것 같았지만 사실은 아이가 '엄마'라는 존재를 키워내고 있었다. 아이를 키우고 나를 키울 수 있는 이 시간은 나에게 축복이었다. 그 작은 진실이 태산처럼 다가오는 순간이었다.

영어 속담에 "당신이 누리는 축복을 세어보라.Count your blessing" 라

는 말이 있다. 누구의 삶이든 셀 수 없을 만큼 많은 복을 갖고 있음을 전제하는 말이다. 잠시 앉아 내가 누리고 있는 축복을 생각해 본다. 나는 매일 따뜻한 저녁을 먹을 수 있고, 어디든 갈 수 있고, 무엇이든 볼 수 있다. 든든한 동지인 남편이 있고, 엄마를 너무도 사랑하는 아이들이 있다. 언제든 내 마음을 터놓고 도움을 받을 수 있는 조력자들이 있으며, 나는 인간적인 양심을 갖고 있다. 그리고 하늘에서 총총대는 별빛과도 같은 꿈을 간직하고 있다.

어디 이것 뿐이겠는가? 수도 없는 축복이 내 삶을 둘러싸고 있다는 것에 안도감이 들고, 감사하는 마음이 감돈다. 그리고 나의 꿈을 만들어 가는 시간이 값지게 다가온다.

"Something good in everything I see."

내가 보는 모든 것에는 무언가 좋은 것이 있어요.

ABBA의 노래 〈I have a dream〉의 한 소절이다. 나의 아이, 나의 삶. 모든 것에는 항상 좋은 것들이 있다. 나는 그 좋은 것들을 누리며 오늘 하루를 살아간다.

"우리처럼 작은 존재가 이 광대함을 견디는 방법은 오직 사랑뿐이다."

〈그래비티〉는 광활한 우주를 배경으로 하는 영화다. 영하 126도에서 100도 사이를 넘나드는 우주, 지구에서 6,000km나 떨어진 우주에는 소리도 없고, 공기도 없다. 그런 우주에서 라이언

스톤과 맷 코왈스키는 허블 망원경을 수리하는 임무를 수행 중이다. 처음으로 우주에 나온 스톤과 노련한 베테랑 선배 코왈스키가 작업을 하던 중, 본부로부터 긴급한 무전이 들려온다. 파괴된 러시아 첩보위성의 잔해들이 날아오고 있으니, 임무를 중단하고, 대피하라는 내용이었다.

말이 끝나기 무섭게 엄청난 양의 파편들이 이들을 덮친다. 그 잔해들은 우주왕복선에 박히기 시작하고, 가까스로 탈출에 성공한 코왈스키는 유영장비를 이용해 스톤을 구조한다. 큰 피해를 입은 우주왕복선의 생존자는 두 사람뿐이다. 두 사람은 우주복에 있는 케이블로 서로를 연결했다. 두 사람은 작동되지 않는 왕복선을 떠나 가까운 우주정거장으로 이동하기로 한다. 정거장에 도착해 갈 때쯤 산소는 거의 바닥난 상태였고, 둘을 연결하고 있던 줄은 끊어져 버렸다. 스톤은 가까스로 매트의 줄을 잡는 데 성공했지만 둘의 무게를 견디기에 줄은 약하다. 코왈스키는 스톤을 살리기 위해 자신의 케이블을 스스로 풀어버린다. 동료를 살리기 위해 자신을 희생한 것이다. 코왈스키는 마지막으로 스톤이 살 방법을 알려주며 점점 멀어져 간다.

코왈스키의 희생으로 우주정거장으로 들어간 스톤은 정신을 차리고 탈출용 소유즈로 접근해 겨우 도킹에 성공하지만 소유즈에 연료가 없다는 사실을 알고 크게 좌절한다. 스톤은 속수무책으로 우주에 갇히게 된다. 귀환은 가능할 것 같지 않았다.

스톤이 절망에 빠져 포기하고 죽음을 기다리고 있는 순간, 죽은 줄 알았던 코왈스키가 나타나 집에 돌아갈 시간이라며 격려한다. 사실 이것은 지쳐 잠든 라이언이 꾼 꿈이었고, 꿈이라는 비이성적인 상황의 힘으로 스톤은 마지막 힘을 낸다. 코왈스키가 꿈에서 말해준 대로 착륙용 로켓 엔진을 이용해 어렵게 귀환선에 탑승해 지구로 향하게 된다. 귀환선은 지구의 호수 속으로 떨어지고, 그녀는 있는 힘을 다해 수면 밖으로 솟구쳐 나온다.

스톤이 바다로 떨어진 귀환선에서 탈출해 물 밖으로 헤엄쳐 나오는 장면은 성장의 의미를 진하게 담고 있다. 스톤은 엄마 뱃속과 같은 우주에서 나와 스스로 두 발을 딛고 걸어갔다. 동시에 자신을 둘러싸고 있는 상황을 온 힘을 다해 극복했다. 본능적 성장과 의지의 성장이 동시에 이루어진 것이다. 그 순간 수면 위로 솟구친 스톤의 심장이 뛰고 호흡을 뱉어내는데, 그 순간은 새로운 탄생이자 성장의 순간이었다.

과학의 발전은 인류의 진보와 궤를 같이 한다. 날이 갈수록 놀라운 일들이 펼쳐진다. 하지만 그 안에서 인간을 살게 하는 것, 진정 앞으로 나아가게 하는 것은 사랑이다.

"우리처럼 작은 존재가 이 광대함을 견디는 방법은 오직 사랑뿐이다."

천문학자 칼 세이건의 소설 『콘택트』에 나오는 말이다. 처음 엄마가 되었을 때 아주 막막한 기분이었다. 이 조그만 아이는 어떻게 키워야 하는 건지, 앞으로의 나는 어떻게 되는 건지 두렵기도 했고, 어떻게 해야 할지 감이 오지 않았다. 솔직히 시간이 한참 지난 지금도 가끔은 그렇다. 광대한 우주에 혼자 떠 있는 것 같은 기분이 들 때, 나를 두 발로 땅에 서게 하는 것은 바로 '사랑'이다. 내가 아이를 사랑하는 것, 그리고 아이가 나를 사랑하는 것.

아이도 잘 키우고 싶고, 내 꿈도 지켜내고 싶다. 매일 사랑하고 싶다. 하지만 어느 날에는 한계인 것처럼 느껴지고, 새로운 목표도 보이지 않을 때도 있다. 그럼에도 불구하고 오늘을 다시 사랑하는 마음으로 살아가는 것은 너무도 중요하고 의미 있는 과정이다.

매일 꿈을 향해 오르고 내리는 과정을 반복하다 보면, 얼마 후엔 본 적 없는 새로운 풍경을 만나게 될 것이다. 넘어설 수 없는 산이 가로 막는 듯 싶지만 그 굽이를 돌면 놀라운 경치가 펼쳐질 것이다.

매 순간을 사랑하고, 모든 순간에 의미를 부여하자. 그 과정은 엄마의 두 발을 꿈이라는 대지를 딛고 굳건히 서게 할 것이다.

기적과도 같은 움직임

나는 어릴 때부터 내 심장의 움직임을 가만히 느껴보곤 했다. 전선으로 연결된 것도 아니고 전지가 들어 있는 것도 아닌데, 혼자의 힘으로 두근두근 뛰며 온몸으로 피를 보내 주는 것이 너무도 놀라웠다. 그렇게 심장 덕분에 살아서 사람이 걸어 다닌다는 것은 아찔할 정도로 신비로운 일이었다. 아이가 태어나 엄마가 된 후에는 아이의 작은 심장은 더 놀랍고 소중했다. 작은 심장을 안고, 걸음마를 하고, 뛰고, 자전거를 타는 아이가 기적처럼 느껴졌다.

심장의 움직임을 사랑이라고 부르고 싶다. 우리는 모두 사랑에서부터 비롯된 존재이다. 지금도 그렇고 앞으로도 변함없는 사실이다. 그 사랑의 힘이 심장을 뛰게 하는 것이다. 그리고 힘차게 뛰는 심장이 나를 살게 하고, 꿈꾸게 한다. 엄마가 되어 아이와 함께하게 된 것은 내 사랑에 또 다른 사랑을 더한 것이며, 내 삶과 꿈을 더 빛나게 만든다.

'Liben Belebt.'
사랑이 살린다.

이 말은 괴테가 삶을 마치기 얼마 전에 했던 말이라고 알려져 있다. 노년의 대문호가 80여 짧은 한 문장으로 표현한 삶의 정수가 아닌가 싶다. 결국 삶을 살게 하는 것은 사랑이라고.
사랑이 내 심장을 뛰게 한다. 그리고 심장이 고동칠 때마다 아이를 사랑하고, 내 꿈을 키워낸다. 엄마의 심장은 지금도 힘차게 뛰고 있다.

엄마와 아이의 심장은 함께 뛴다

엄마와 아이가 함께 자라는 균형육아

지은이 고정희

발행일 2023년 8월 30일

펴낸이 양근모

펴낸곳 도서출판 청년정신

출판등록 1997년 12월 26일 제 10-1531호

주　소 경기도 파주시 경의로 1068, 602호

전　화 031) 957-1313　**팩스** 031) 624-6928

이메일 pricker@empas.com

ISBN 978-89-5861-235-3 (03590)